観測に基づく量子計算

博士（理学）　小柴　健史
博士（工学）　藤井　啓祐　共著
博士（学術）　森前　智行

コロナ社

まえがき

　約20年前，ショア (P.W. Shor) の素因数分解アルゴリズムやグローバー (L.K. Grover) の量子探索アルゴリズムなど，量子コンピュータの高い能力を示す量子アルゴリズムが発見されて以来，量子情報科学は脚光を浴びるようになり順調に発展してきた。そこで用いられている量子コンピュータのモデルは，ある意味で従来のコンピュータモデルからの拡張であった。従来の量子コンピュータモデルにおいて，計算プロセスは「量子的な演算」と「状態を取り出すための観測」の系列で表現されるが，観測操作はむしろ脇役として捉えられていたことと思う。

　21世紀になり，すぐに，ラッセンドルフ (R. Raussendorf) とブリーゲル (H.J. Briegel) により従来の量子コンピュータモデルとは異なる測定型量子計算モデルが提案された。測定型量子計算は，最初に準備フェーズとして特殊な量子状態を用意し，計算フェーズとしてその量子状態に対して適応的に観測を繰り返すことにより任意の計算を行うことができる。測定型量子計算の登場により，脇役であった観測操作が重要な役割を果たすことが明らかになったばかりでなく，計算プロセスを物理的操作の観点からも性質の異なる準備フェーズと計算フェーズに分離できるという事実は，量子計算に関して新しい見方をもたらしてくれたといっていいだろう。この新しい見方により，従来の議論からは見出しにくかった量子計算に関するさまざまな性質を追究し易くなった。本書において，測定型量子計算を理解する上で必要な知識についてトピックごとに解説を与えている。また，測定型量子計算モデルの登場によって明らかになった量子計算の諸性質について扱っている。

　将来に実現されると期待できる量子コンピュータの実装を考えた場合，測定型量子計算モデルに基づいた方式は有望な量子コンピュータアーキテクチャであると思われる。将来量子コンピュータが実現するに先立って，本書を通じて測定型量子計算の魅力を感じ取っていただければ幸いである。

2017年1月

小柴健史，藤井啓祐，森前智行

目　　　次

1.　量子コンピュータモデル

1.1　量子コンピュータのアイデア ……………………………………… 2
1.2　一様計算モデルと非一様計算モデル ……………………………… 3
1.3　量子アルゴリズム …………………………………………………… 4
1.4　測定型量子計算の登場 ……………………………………………… 5
引用・参考文献 …………………………………………………………… 6

2.　測定型量子計算の基礎

2.1　数 学 的 準 備 ……………………………………………………… 8
　2.1.1　1キュービットの純粋系 ……………………………………… 8
　2.1.2　合　　成　　系 ……………………………………………… 11
　2.1.3　混　　合　　系 ……………………………………………… 12
　2.1.4　観　　　　　測 ……………………………………………… 14
2.2　従来の量子計算モデル：回路モデル ……………………………… 18
2.3　新たなモデル：測定型量子計算モデルの登場 …………………… 21
2.4　測定型量子計算のメリット ………………………………………… 23
　2.4.1　物性物理との関連 …………………………………………… 24
　2.4.2　量子光学，光物質系との関連 ……………………………… 25
　2.4.3　誤り耐性量子計算との関連 ………………………………… 27
　2.4.4　古典統計物理学との関連 …………………………………… 28

2.4.5　暗号（セキュアなクラウド量子計算）との関連 ………… *29*
　　2.4.6　計算量理論との関連 ……………………………………… *30*
　2.5　クラスター状態，グラフ状態 …………………………………… *31*
　2.6　連 続 変 数 系 ……………………………………………………… *36*
　引用・参考文献 …………………………………………………………… *40*

3. テンソルネットワーク上での測定型量子計算

　3.1　行 列 積 状 態 ……………………………………………………… *42*
　3.2　テンソルネットワーク …………………………………………… *45*
　3.3　1次元グラフ上での測定型量子計算 …………………………… *47*
　3.4　相 関 空 間 ………………………………………………………… *48*
　3.5　Affleck-Kennedy-Lieb-Tasaki 状態 ……………………………… *50*
　3.6　VBS 状態と PEPS ………………………………………………… *53*
　引用・参考文献 …………………………………………………………… *58*

4. 測定型トポロジカル量子計算

　4.1　誤り耐性量子計算 ………………………………………………… *60*
　4.2　スタビライザー符号 ……………………………………………… *61*
　4.3　量 子 ノ イ ズ ……………………………………………………… *65*
　4.4　1次元反復符号 …………………………………………………… *67*
　4.5　表面符号の定義 …………………………………………………… *69*
　4.6　トポロジカル符号とトポロジカル秩序 ………………………… *73*
　4.7　トポロジカル誤り訂正 …………………………………………… *76*
　4.8　トポロジカル誤り耐性量子計算 ………………………………… *82*
　4.9　測定によるトポロジカル誤り耐性量子計算 …………………… *89*

4.10	応用と関連研究	94
引用・参考文献		96

5. イジング模型分配関数と測定型量子計算

5.1	イジング模型	100
5.2	分配関数とスタビライザー形式	103
5.3	VDB 対応と双対性	107
5.4	VDB 対応とイジング模型の万能性	113
5.5	分配関数近似量子アルゴリズム	115
	5.5.1 定数深さ量子アルゴリズム	115
	5.5.2 測定型量子計算を経由した量子アルゴリズムの構成	117
	5.5.3 イジング分配関数近似問題の BQP 完全性	122
	5.5.4 実パラメータ領域への拡張	125
引用・参考文献		130

6. ブラインド量子計算（セキュアなクラウド量子計算）

6.1	ブラインド量子計算とは	132
6.2	古典計算機科学におけるブラインド計算	133
6.3	回路モデルを用いたブラインド量子計算	134
6.4	測定型量子計算を用いたブラインド量子計算	136
6.5	2 サーバーブラインド量子計算	139
6.6	AKLT ブラインド量子計算	142
6.7	トポロジカルブラインド量子計算	143
6.8	連続変数ブラインド量子計算	144
6.9	コヒーレント状態を用いたブラインド量子計算	144

6.10 アリスが測定するブラインド量子計算 ································ 149
6.11 量子計算の検証 ·· 153
    6.11.1 Fitzsimons-Kashefi のプロトコル ································ 155
    6.11.2 アリスが測定するブラインド量子計算における検証 ·········· 156
    6.11.3 グラフ状態の直接検証 ·· 158
    6.11.4 検証と量子論の基礎との関連 ···································· 159
引用・参考文献 ··· 159

7. 測定型量子計算と計算量理論

7.1 計 算 量 理 論 ·· 162
7.2 BQP の上のクラス ·· 166
    7.2.1 ポストセレクション ·· 167
    7.2.2 量子対話型証明系 ·· 169
7.3 BQP の下のクラス：非ユニバーサル量子計算 ···························· 173
    7.3.1 深さ 4 の量子回路 ·· 174
    7.3.2 IQP:交換するゲートのみの量子計算モデル ···················· 177
    7.3.3 DQC1 モ デ ル ·· 178
    7.3.4 ボソンサンプリング：相互作用なしのボソンモデル ··········· 180
    7.3.5 今 後 の 課 題 ·· 182
引用・参考文献 ··· 183

索　　引 ·· 185

1 量子コンピュータモデル

　物理学に慣れ親しんでいる方にとっては，量子力学的な効果を巧みに利用する計算メカニズムである量子計算はさほど突飛な存在ではないだろう．情報学を背景に持つ方にとっては，通常利用しているコンピュータが計算を行う対象であり，量子コンピュータの考え方はかなり異質な存在に感じるかもしれない．そもそも量子力学の概念を自然の摂理として受け入れるだけの準備が整っていないと思われる．量子計算の可能性や限界を計算機科学の一分野として研究している研究者も数多くいるが，その他の分野の計算機科学に関わっている方にとって量子計算は摩訶不思議な存在であり，測定型量子計算と呼ばれる従来から考えられている量子計算とは異なる特殊な量子計算モデルは視野にさえ入っていないと思われる．

　本書は，測定型量子計算と呼ばれる特殊なモデルを紹介することを目的としている．目的以前に，なぜ測定型量子計算を考えるのかということについて触れておくべきであろう．測定型量子計算モデルの最大の利点は量子計算に対する新しい見方を提供することである．それにより，従来の量子計算モデルでは見出せてこなかった新しい事実が次々と発見されている．本書の各章において，そういった新しい事実を一つひとつ紹介している．その技術的な詳細は次章以降で解説することにして，本章では，コンピュータの歴史という観点から測定型量子計算の立ち位置を眺めてみることにする．

1.1 量子コンピュータのアイデア

コンピュータは計算を行う機械であるが，計算とはなにかということを論ずる計算論と呼ばれる分野がある．計算について論じるための妥当な計算モデルとしていくつかあるが，代表的なものとしてチューリングが提案したチューリング機械 (1936 年，A.M. Turing) がある．チューリング機械の秀逸な点は，万能チューリング機械を構築できるということであり，万能チューリング機械に別のチューリング機械の記述（プログラム）を与えることで任意のチューリング機械の動作を模倣できることにある．その他にもラムダ計算 (1936 年，チャーチ (A. Church)) や帰納的関数などがほぼ同時期に提案され，見かけ上まったく異なるにも関わらず，計算可能性という観点からは等価であることが証明されている．これらの等価性は計算可能性という概念の普遍性の顕れとして考えられており，Church-Turing の提唱は「計算することができる関数」という直観的な概念をチューリング機械などで議論するのがよいとしている．現在のコンピュータはフォンノイマン型コンピュータ（1946 年）とも呼ばれるが，チューリング機械という単純な計算モデルをベースにしてコンピュータアーキテクチャを構成したものになっている．

フォンノイマン (J. von Neumann) はまた，量子力学的な効果を利用したコンピュータの可能性についても着想している．その後，ドイッチ (D. Deutsch)[1]†により，1985 年に量子チューリング機械モデルが定式化され，計算可能性という観点からは通常のチューリング機械との等価性が示された．ただし，計算ステップ数が，ある多項式で抑えられるといった計算資源を限定した場合の扱いに問題があり，その問題点はその後 1993 年になってバーンスタイン (E. Bernstein) とヴァジラーニ (U.V. Vazirani)[2] によって修正された．

その一方で，量子チューリング機械はその扱いの不便さから，量子チューリング機械を用いて量子アルゴリズムが議論されることは少ない．量子アルゴリズ

---

† 肩付き数字は，各章末の文献番号を表す．

ムやその計算の複雑さを議論する際には，一般的に量子回路モデルが用いられる。この量子回路モデルはヤオ (A.C.C. Yao)[3] により 1993 年に提案された。

1.2 一様計算モデルと非一様計算モデル

ここで，回路モデルとチューリング機械の違いについて言及しておこう。チューリング機械が与えられたとき，入力がどんな長さであれ，その動作はチューリング機械の遷移関数によってのみ規定される。つまり，入力長が 10 ビットであっても 100 ビットであっても，チューリング機械は入力長とは独立にあらかじめ定められた遷移関数にしたがって動作する。それに対して回路（論理回路）の記述は，入力長を一つに定めてしまう。入力長が 10 ビットの場合の回路と入力長が 100 ビットの場合の回路とではその記述は異なる。そこで，論理回路を入力長ごとに定義する論理回路の族を導入することで可変長の入力に対応する。

入力長の多項式時間で終了するチューリング機械 M は基本ゲート数が多項式的に増加する論理回路族 $\{C_n\}_{n\geq 1}$ に対応するが，逆は必ずしも真ではない。ここで，C_n は入力ワイヤー数が n の論理回路のこととする。つまり，論理回路族 $\{C_n\}_{n\geq 1}$ が与えられたとき，それに対応するチューリング機械 M が存在しない場合もある。そのギャップを埋める概念が一様性と呼ばれるものである。あるアルゴリズム A が存在して 1^n を入力としたとき C_n の記述（用いられているゲートとその配線レイアウト）を出力する場合，$\{C_n\}_{n\geq 1}$ は一様論理回路族と呼ばれる。アルゴリズム A の（計算時間等の）能力に依存して一様性にもいくつかのレベルが存在するが，一般的には多項式時間アルゴリズムを考える。また，上のような（計算時間非限定の）アルゴリズム A が存在しないとき，$\{C_n\}_{n\geq 1}$ は非一様論理回路族と呼ばれ，チューリング機械と比較して能力が高いことが知られている。量子計算の場合，論理素子ではなく，別の基本ゲートを用いて量子回路が構成される。Yao が提案した量子回路モデルは一様回路族であり，量子チューリング機械と等価となっている。

1.3 量子アルゴリズム

　量子計算の最大の特徴は，計算途中の状態が量子重ね合わせ状態と呼ばれる複数の状態が同時に存在できる状態を保持できることであり，その量子重ね合わせ状態に対して演算を適用させることができる点にある．特に，計算結果を得る上で望ましくない場合を存在しにくくなるように制御できることが，従来のアルゴリズムと大きく異なる点である．確率的な乱択アルゴリズムでは，内部状態が望ましくない状態に遷移した場合は，それは取り消せない事象であるが，量子アルゴリズムにおいてはその限りではない．

　さて，量子計算が脚光を浴び始めたのは，アルゴリズム的なブレークスルーがあったからであろう．まず，1994年にショア[4]が量子コンピュータを用いれば素因数分解および離散対数問題は効率的に計算できることを示した．これらの問題は通常のコンピュータでは非常に計算が困難である問題として知られている．現在の情報セキュリティ技術は，これらの問題の困難性を利用して安全性が保証されている暗号プロトコルに大きく依拠しており，量子アルゴリズムが現実的に動作するようになると，それらの暗号プロトコルは完全に解読されてしまうことになる．また，1996年にはグローバーアルゴリズム[5]と呼ばれるデータベース探索アルゴリズムが提案された．構造がない N 個のデータから所望のデータを取り出すには通常のコンピュータでは $\Theta(N)$ ステップが掛かるのに対して，グローバー量子探索アルゴリズムでは $\Theta(\sqrt{N})$ ステップで十分であることが示された．これらの二大量子アルゴリズムの発見により量子情報科学という研究分野が大きく発展し今に至っているといっても過言ではない．

　暗号分野においては，ショアのアルゴリズムが脅威として登場する以前の1984年に，ベネット (C.H. Bennett) とブラッサール (G. Brassard)[6] により，量子鍵共有プロトコル (BB84プロトコル) が提案されている．これは，二者（慣例にしたがってアリスとボブと呼ぶことにする）の間で鍵として用いるランダムなビット列を共有する方法であり，その無条件安全性がその後証明されている．

量子力学的な効果を利用しない方法では，無条件安全な鍵共有を行う方法は見出されていないため，BB84 プロトコルは量子力学的効果がポジティブに活用されている好例である。暗号分野においては，量子力学的な効果は，恩恵を享受する側面と損害を被るという負の側面がある正邪併せ持つ存在であり，暗号分野は量子情報科学を牽引する大きな役割を担っている。

1.4　測定型量子計算の登場

2001 年にラッセンドルフとブリーゲル[7]は量子回路計算モデルとはまったく異なる量子計算モデルを提案した。まず，クラスター状態（あるいはグラフ状態）と呼ばれる特殊な量子状態を用意し，その後は適応的に 1 キュービット測定だけを繰り返すことにより所望の計算ができるというものであり，一方向量子計算とも呼ばれる。ここで，適応的 (adaptive) というのは，ある一つのキュービットを測定する際に，その測定角度は，これまでの測定結果に依存する，というものである。ほぼ同時期に同種の計算モデルも提案されている。アリスとボブの間に量子もつれ合い状態（量子エンタングルメント）を事前に用意しておくことにより，アリスがボブに任意の量子状態を転送できるという量子プロトコルを量子テレポーテーションという（1993 年，ベネットら[8]）。量子テレポーテーションはベル測定と呼ばれる測定を行うことで量子状態がアリスからボブへ転送されるが，ゴッテスマン (D. Gottesman) とチュアン (I.L. Chuang)[9] は量子テレポーテーションが万能計算の基本要素になることを見出し，2003 年にニールセン (M.A. Nielsen)[10]がそれを利用してテレポーテーション型量子計算を提案した。一方向量子計算もテレポーテーション型量子計算も事前に特殊な量子状態を用意しておき，その後に測定を行うことで所望の計算を行うことができる。

　測定型量子計算の最大の特徴は，最初に特殊な量子状態を用意するフェーズと用意された量子状態に対して適応的に観測を繰り返すというフェーズに分けられる点である。ある意味で，前者は量子的な操作であり，後者は古典的な操

作であるといえる.この量子的な操作と古典的な操作の分離は,理論的にも実用的にも非常に重要である.理論的な意味では,この分離により量子アルゴリズムの可能性や限界を解明するための解析を容易にしている点で重要である.実用的な意味では,量子エンタングルメントは最初に用意する量子状態だけに集約できることが重要である.従来の量子計算においては,計算の実行中に量子エンタングルメントの量に増減があり,それを制御するのは容易ではないという問題があった.その問題点が解消されたという意味において,測定型量子計算はより現実的な量子計算モデルであるといえるだろう.

測定型量子計算は,量子計算の研究の流れから見ると量子計算モデルの特殊形に位置付けられるが,きわめて自然な計算モデルである.通常の計算のモデルとしてチューリング機械が標準的な計算モデルとなったのも,フォンノイマン型のコンピュータアーキテクチャとの親和性があり,物理的な実現を考えたときに妥当であったからであろう.そういった歴史を踏まえると,測定型量子計算というモデルが量子計算の標準的な計算モデルになる可能性は十分にあるといえるだろう.

引用・参考文献

1) D. Deutsch: *Quantum theory, the Church-Turing principle and the universal quantum computer*, Proceedings of the Royal Society of London A, **400**, pp.97–117 (1985)
2) E. Bernstein, U. V. Vazirani: *Quantum complexity theory*, Proc. the 25th Annual ACM Symposium on Theory of Computing, pp.11–20 (1993)／Full Version: SIAM J. Comput., **26**(5), pp.1411–1473 (1997)
3) A. C.-C. Yao: *Quantum circuit complexity*, Proc. the 34th Annual IEEE Symposium on Foundations of Computer Science, pp.352–361 (1993)
4) P. W. Shor: *Algorithms for quantum computation: Discrete logarithms and factoring*, Proc. the 35th IEEE Annual Symposium on Foundations of Computer Science, pp.124–134 (1994)／Full Version: *Polynomial-time algorithms for prime factorization and discrete logarithms on a quantum*

computer, SIAM J. Comput., **26**(5), pp.1484–1509 (1997)

5) L. K. Grover: *A fast quantum mechanical algorithm for database search*, Proc. the 28th ACM Annual Symposium on Theory of Computing, pp.212–219 (1996)

6) C.H. Bennett, G. Brassard: *Quantum cryptography: Public key distribution and coin tossing*, Proc. IEEE International Conference on Computers Systems and Signal Processing, pp.175–179 (1984)

7) R. Raussendorf, H. J. Brigel: *A one-way quantum computer*, Phys. Rev. Lett., **86**, pp.5188–5191 (2001)

8) C. H. Bennett, G. Brassard, C. Crépeau, R. Jozsa, A. Peres and W. K. Wootters: *Teleporting an unknown quantum state via dual classical and Einstein-Podolsky-Rosen Channels*, Phys. Rev. Lett., **70**, pp.1895–1899 (1993)

9) D. Gottesman, I. L. Chuang: Demonstrating the viablitity of universal quantum computation using teleportation and single-qubit opertions, Nature, **402**, pp.390–393 (1999)

10) M. A. Nielsen: *Quantum computation by measurement and quantum memory*, Phys. Lett. A, **308**, 2–3, pp.96–100 (2003)

2 測定型量子計算の基礎

この章では,量子計算に馴染みがない読者を前提として,まず,量子計算を議論する際に必要な数学的な準備を行う。続いて,測定型量子計算の基本的な考え方や特徴的な点について概観する。

2.1 数学的準備

2.1.1 1キュービットの純粋系

通常の計算機では,物理的な2状態としてそれぞれ0と1を対応させ,それをビットと呼ぶ。複数のビットに対して操作を行うことで,所望の計算を行うように設計される。量子計算機では,ビットに対応するものとしてキュービット(量子ビット)がある。1キュービットは2次元ヒルベルト空間のベクトルで表現される。いま,その2次元ヒルベルト空間のある基底を

$$\begin{pmatrix} 1 \\ 0 \end{pmatrix} \quad \text{および} \quad \begin{pmatrix} 0 \\ 1 \end{pmatrix}$$

で表現しよう。前者のベクトルを $|0\rangle$ と表し,後者を $|1\rangle$ と表すものとする。これらはディラック (Dirac) 記法と呼ばれている。このとき,キュービットは正規直交基底 $\{|0\rangle, |1\rangle\}$ を用いて

$$\alpha|0\rangle + \beta|1\rangle \tag{2.1}$$

と表現できる。ただし,α と β は $|\alpha|^2 + |\beta|^2 = 1$ を満たす任意の複素数とする。式 (2.1) を $|\psi\rangle$ と表すと,その複素共役転置は

2.1 数学的準備

$$\langle\psi| = \alpha^*\langle 0| + \beta^*\langle 1|$$

と記述される．また，オイラーの公式

$$e^{i\theta} = \cos\theta + i\sin\theta$$

を用いて別の表現をするならば

$$|\psi\rangle = e^{i\kappa}\bigl((\cos\lambda)|0\rangle + (e^{i\mu/2}\sin\lambda)|1\rangle\bigr) \tag{2.2}$$

とも表せる．式 (2.2) の $e^{i\kappa}$ はグローバル位相と呼ばれ，グローバル位相がどのような値であっても，キュービットは同一視される．つまり，キュービットを規定するパラメータは $0 \leqq \lambda \leqq 2\pi$ および $0 \leqq \mu \leqq 2\pi$ のみであると考えてよい．また，式 (2.2) において $\mu/2$ を用いている理由はパラメータの動く範囲を 0 から 2π に統一するための便宜である．キュービットが式 (2.2) で表現されることからキュービットはブロッホ (Bloch) 球と呼ばれる 3 次元単位球の表面上の点とも対応することがわかる．具体的には，実 3 次元空間において

$$(\sin(\mu/2)\cos\lambda, \sin(\mu/2)\sin\lambda, \cos(\mu/2))$$

に対応する（図 **2.1** 参照）．今後，2 次元ヒルベルト空間におけるベクトル表現と Bloch 球表現との対応関係は量子計算を考えるとき有用な見方を提供してくれることになる．2 次元ヒルベルト空間の正規直交基底は，Bloch 球の原点を通る直線に対応することは容易に確認できるだろう．

2 次元ヒルベルト空間上の線形変換 T を考える．T の随伴行列 $T^\dagger$ は T の行列表現おいて複素共役転置行列として表現される．$T^\dagger = T^{-1}$ のとき，つまり，T の随伴行列が T の逆行列と一

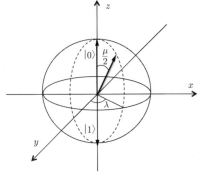

図 **2.1** キュービットの Bloch 球表現

致するとき，T は**ユニタリ変換**であると呼ばれる。量子力学においては，(閉じた系において) 量子状態間の遷移はユニタリ変換で記述できると規定されている。また，ユニタリ変換は正規直交基底を別の正規直交基底へ移す基底変換なので，2 次元ヒルベルト空間上のユニタリ変換は Bloch 球表面上を移動する変換であり，3 次元実空間上での回転行列に対応する。代表的なユニタリ変換として，**パウリ (Pauli) 行列**と呼ばれる変換があり，以下の四つである。

$$X = \begin{pmatrix} 0 & 1 \\ 1 & 0 \end{pmatrix}, \quad Y = \begin{pmatrix} 0 & -i \\ i & 0 \end{pmatrix},$$

$$Z = \begin{pmatrix} 1 & 0 \\ 0 & -1 \end{pmatrix}, \quad I = \begin{pmatrix} 1 & 0 \\ 0 & 1 \end{pmatrix}$$

いま，行列 T に対して

$$e^{iTx} = \cos(x)I + i\sin(x)T$$

とすると，Bloch 球上の x, y, z 軸周りの回転は

$$R_x(\theta) = e^{-i\theta X}$$
$$R_y(\theta) = e^{-i\theta Y}$$
$$R_z(\theta) = e^{-i\theta Z}$$

と記述できる。ユニタリ行列 U は

$$e^{i\alpha} R_z(\beta) R_x(\gamma) R_z(\delta)$$

と記述でき，Bloch 球上でどのように移動するのか直観的に捉えることができよう。

Dirac 記法について簡単に述べただけだったので，ユニタリ変換をイメージしやすい表現を記述できることを述べておこう。パウリ行列 X は

$$X : \begin{cases} |0\rangle \mapsto |1\rangle \\ |1\rangle \mapsto |0\rangle \end{cases}$$

と書けるが，$\{|0\rangle, |1\rangle\}$ は正規直交基底なので，ユニタリ行列においては基底がどのように変換されるかを記述すれば変換の記述になる．パウリ行列 X は

$$X = |0\rangle\langle 1| + |1\rangle\langle 0|$$

と記述できて，例えば，$|0\rangle$ が $|1\rangle$ に移ることは

$$\begin{aligned}X|0\rangle &= (|0\rangle\langle 1| + |1\rangle\langle 0|)|0\rangle \\ &= (|0\rangle\langle 1|0\rangle + |1\rangle\langle 0|0\rangle \\ &= |1\rangle\end{aligned}$$

のように確認できる．ここで，$\langle 1|0\rangle$ は $\langle 1||0\rangle$ の略記である．また $\langle 1|0\rangle$ は内積に対応するので，直交性より $\langle 1|0\rangle = \langle 0|1\rangle = 0$ であり，量子状態の大きさから $\langle 0|0\rangle = \langle 1|1\rangle = 1$ である．また，上の計算式は線形変換であることを考えると計算順序は任意であり，内積部分を先に計算することで導出している．

いま

$$|+\rangle = \frac{|0\rangle + |1\rangle}{\sqrt{2}}, \qquad |-\rangle = \frac{|0\rangle - |1\rangle}{\sqrt{2}}$$

と定義される量子状態を考えよう．$\{|+\rangle, |-\rangle\}$ もまた正規直交基底なので，$|0\rangle$ を $|+\rangle$ へ，$|1\rangle$ を $|-\rangle$ へ移す変換もユニタリ変換であり

$$|+\rangle\langle 0| + |-\rangle\langle 1|$$

と記述できる．この変換は量子計算で頻出する**アダマール** (Hadamard) **行列** H である．アダマール変換はフーリエ変換になっていることを考えれば，量子計算で頻出する理由も想像できるだろう．

2.1.2 合　成　系

複数のキュービットを同時に扱いたい場合，いくつかの系が合成して一つを

成していると考えると便利である．このとき，各系を表すヒルベルト空間をテンソル積で結合していると考える．一つ目のキュービットが $|\psi_1\rangle$ で表現され，二つ目のキュービットが $|\psi_2\rangle$ で表現されるとき，合成系での 2 キュービットは $|\psi_1\rangle \otimes |\psi_2\rangle$ で表現する．両方の系で $\{|0\rangle, |1\rangle\}$ を正規直交基底として用いるとき，合成系は 4 次元ヒルベルト空間であり，$\{|0\rangle \otimes |0\rangle, |0\rangle \otimes |1\rangle, |1\rangle \otimes |0\rangle, |1\rangle \otimes |1\rangle\}$ がその正規直交基底をなす．いま，第一の系では $|\phi_1\rangle = U_1 |\psi_1\rangle$ と，第二の系では $|\phi_2\rangle = U_2 |\psi_2\rangle$ と状態が遷移するとき，合成系では

$$|\phi_1\rangle \otimes |\phi_2\rangle = (U_1 \otimes U_2) |\psi_1\rangle \otimes |\psi_2\rangle$$

と記述される．

一般に n キュービットは 1 キュービットの n 個の合成と考える．このとき，2^n 次元のヒルベルト空間が対応する．また，$b_1, b_2, \ldots, b_n$（ただし，$b_i \in \{0, 1\}$）に対して，$|b_1\rangle \otimes \cdots \otimes |b_n\rangle$ は $|b_1\rangle \cdots |b_n\rangle$ あるいは $|b_1 \cdots b_n\rangle$ と略記する．

いま，$|\phi\rangle$ は，n キュービットの（2^n 次元の）ヒルベルト空間の量子状態とする．$|\phi\rangle$ が各部分系の合成として表現できないとき，ϕ は量子もつれ状態あるいは**量子エンタングル状態**と呼ばれる．

1 キュービットの場合，Bloch 球表現が存在することにより，量子状態とその変換の直観的イメージが得やすかったと思うが，一般の複数キュービットでは量子エンタングルメントがあるため，Bloch 球を拡張した表現を考えることは難しい．

2.1.3 混　合　系

いままでで複数キュービットで表現される量子状態を扱ってきたが，いずれも**純粋状態**と呼ばれるものである．いま，純粋状態にある量子状態として $|\psi\rangle$ を考えよう．この純粋状態 $|\psi\rangle$ に対して，$|\psi\rangle\langle\psi|$ はその**密度行列**表現と呼ばれる．ユニタリ変換 U により

$$U : |\psi\rangle \mapsto |\phi\rangle$$

のように遷移しているとき，$U \cdot U^\dagger$ という変換により

$$U \cdot U^\dagger : |\psi\rangle\langle\psi| \mapsto |\phi\rangle\langle\phi| = U|\psi\rangle\langle\psi|U^\dagger$$

と遷移し，純粋状態での遷移との対応関係が取れている．

　密度行列表現は単なる別表現というだけではなく，一つの拡張になっている．いま，確率 p で純粋状態 $|\psi\rangle$ に，確率 $1-p$ で純粋状態 $|\phi\rangle$ になっている状況を考えたいとする．このような状況は**混合状態**と呼ばれるが，混合状態は密度行列 ρ として

$$\rho = p|\psi\rangle\langle\psi| + (1-p)|\phi\rangle\langle\phi|$$

と表現できる．混合状態 ρ にユニタリ変換 U で状態遷移するとき，確率 p で $U|\psi\rangle$ に，確率 $1-p$ で $U|\phi\rangle$ になるが，それも $U \cdot U^\dagger$ による変換として

$$U\rho U^\dagger = pU|\psi\rangle\langle\psi|U^\dagger + (1-p)U|\phi\rangle\langle\phi|U^\dagger$$

と表現される．

　さて，量子重ね合わせになっていない量子状態 $|0\rangle$ や $|1\rangle$ は古典的状態とも呼ばれるが，それら古典的状態の混合状態も自然に考えることができる．確率 p でビット 0 に，確率 $1-p$ でビット 1 になる状態は，混合状態として

$$p|0\rangle\langle0| + (1-p)|1\rangle\langle1|$$

と表現できる．つまり，古典的な確率的重ね合わせ状態も混合状態として表現できるのである．

　密度行列 ρ は，エルミート行列であり，任意の純粋状態 $|\psi\rangle$ に対して

$$\langle\psi|\rho|\psi\rangle \geqq 0$$
$$\mathrm{Tr}(\rho) = 1$$

つまり，密度行列 ρ は半正定値行列であり，ρ のトレースは 1 となっている．古典状態のとき密度行列は対角行列になり，量子重ね合わせ状態に対しては密度行列の非対角成分に非ゼロ成分が現れることが確認できよう．特に，半正定

値性は観測を考えるときに重要な性質となる。

前項において，系の結合の取り扱いについて述べたが，系 A が密度関数 ρ で，系 B が密度関数 σ で表現される場合，その結合系は $\rho \otimes \sigma$ で表現されるのが確認できる。いま，合成系が $\rho \otimes \sigma$ で表現されているとき，系 A の部分の記述を取り出したい場合がある。その場合，系 B を部分**トレースアウト**するという操作を行うことで実現され，具体的には

$$\mathrm{Tr}_B(\rho \otimes \sigma) = \rho \mathrm{Tr}(\sigma) = \rho$$

と定義される。系 A と系 B が量子エンタングルしていない場合はなんの問題もないが，エンタングルしている場合でも，トレースは線形関数なので，線形性を利用することにより計算することができる。具体例を考えてみよう。2 キュービットからなる系において，密度行列

$$\tau = \left(\frac{|00\rangle + |11\rangle}{\sqrt{2}}\right)\left(\frac{\langle 00| + \langle 11|}{\sqrt{2}}\right)$$

と表現される量子状態において，2 キュービット目をトレースアウトする操作を考える。操作後の状態 ρ' は

$$\begin{aligned}
\rho' &= \mathrm{Tr}_2(\rho) \\
&= \frac{\mathrm{Tr}_2(|00\rangle\langle 00|) + \mathrm{Tr}_2(|11\rangle\langle 00|) + \mathrm{Tr}_2(|00\rangle\langle 11|) + \mathrm{Tr}_2(|11\rangle\langle 11|)}{2} \\
&= \frac{|0\rangle\langle 0|\langle 0|0\rangle + |1\rangle\langle 0|\langle 0|1\rangle + |0\rangle\langle 1|\langle 1|0\rangle + |1\rangle\langle 1|\langle 1|1\rangle}{2} \\
&= \frac{|0\rangle\langle 0| + |1\rangle\langle 1|}{2}
\end{aligned}$$

のように計算できる。トレースには $\mathrm{Tr}(AB) = \mathrm{Tr}(BA)$ という性質があることに注意しよう。

2.1.4 観　　　測

量子重ね合わせ状態にある量子状態

$$|\psi\rangle = \alpha|0\rangle + \beta|1\rangle$$

は $\{|0\rangle, |1\rangle\}$ 基底の観測により,確率 $|\alpha|^2$ で状態 $|0\rangle$ に,確率 $|\beta|^2$ で状態 $|1\rangle$ に収縮する.量子状態の定義において

$$|\alpha|^2 + |\beta|^2 = 1$$

が成立していたことを思い出そう.この条件は,この観測確率の和が 1 になるという確率論からくる要請である.ところで,$\{|+\rangle, |-\rangle\}$ も基底なので,この基底による観測も可能で,その場合

$$|\psi\rangle = \alpha \frac{|+\rangle + |-\rangle}{\sqrt{2}} + \beta \frac{|+\rangle - |-\rangle}{\sqrt{2}} = \frac{\alpha + \beta}{\sqrt{2}}|+\rangle + \frac{\alpha - \beta}{\sqrt{2}}|-\rangle$$

と書けるので,$|\alpha + \beta|^2/2$ の確率で状態 $|+\rangle$ に収縮し,$|\alpha - \beta|^2/2$ の確率で状態 $|-\rangle$ に収縮する.さて,ここでいう観測は特別な観測であり,観測という概念はもう少し一般的に定義される.

1 キュービット測定の場合,基底ベクトルを書かなくても,もう少し便利な方法がある.パウリ行列 X は

$$X = |0\rangle\langle 1| + |1\rangle\langle 0|$$

と書けることは述べたが

$$X = |+\rangle\langle +| - |-\rangle\langle -|$$

とも書ける.この式より,X の固有ベクトルは $|+\rangle$, $|-\rangle$ であり,そのときの固有値がそれぞれ $+1$, -1 であることが式の形からただちにわかる.ユニタリ行列なので,固有ベクトルは直交することを思い出そう.X 基底による観測といった場合,その固有ベクトル $\{|+\rangle, |-\rangle\}$ を基底とする観測のことを指す.$\{|0\rangle, |1\rangle\}$ は Z 基底とも呼ばれる.それは

$$Z = |0\rangle\langle 0| - |1\rangle\langle 1|$$

と固有値と固有ベクトルで書けるからである。

　ここで考えている測定はすべて射影で表現することができる。例えば，$\{|0\rangle, |1\rangle\}$ を基底とする射影は，それぞれ

$$P_0 = |0\rangle\langle 0| \quad \text{と} \quad P_1 = |1\rangle\langle 1|$$

と表現できる。このとき

$$P_0^\dagger P_0 + P_1^\dagger P_1 = I \tag{2.3}$$

を満たしていることを覚えておこう。$\{P_0, P_1\}$ で観測が定義でき，前述の量子状態 $|\psi\rangle$ を観測したとき，確率 $|\alpha|^2$ で状態 $|0\rangle$ に，確率 $|\beta|^2$ で状態 $|1\rangle$ に収縮することを，どのように記述するのか見てみよう。$|0\rangle$ に収縮する確率を p_0 としたとき

$$p_0 = \langle\psi|P_0^\dagger P_0|\psi\rangle = |\alpha|^2$$

と記述される。$|1\rangle$ に収縮する確率 p_1 も同様に

$$p_1 = \langle\psi|P_1^\dagger P_1|\psi\rangle = |\beta|^2$$

と記述される。さらに，観測後の量子状態はそれぞれ

$$\frac{P_0|\psi\rangle}{|\alpha|} = \frac{\alpha}{|\alpha|}|0\rangle$$
$$\frac{P_1|\psi\rangle}{|\beta|} = \frac{\beta}{|\beta|}|0\rangle$$

と表される。また

$$p_0 + p_1 = \langle\psi|P_0^\dagger P_0|\psi\rangle + \langle\psi|P_1^\dagger P_1|\psi\rangle = \langle\psi|(P_0^\dagger P_0 + P_1^\dagger P_1)|\psi\rangle = 1$$

が成立しなければいけないが，これは式 (2.3) から保証される。

　系が複数キュービットからなる場合を考えてみよう。簡単のため，2キュービットからなる場合を考えることにする。

$$\{|00\rangle\langle 00|, |01\rangle\langle 01|, |10\rangle\langle 10|, |11\rangle\langle 11|\}$$

を利用して2キュービットの量子状態 $|\psi\rangle$ を観測する場合，$|b_1 b_2\rangle$ となる確率 $p_{b_1 b_2}$ は

$$p_{b_1 b_2} = \langle \psi | P_{b_1 b_2}^\dagger P_{b_1 b_2} | \psi \rangle$$

と記述される。また，1キュービット目だけを観測したいときは

$$\{P_0 = |0\rangle\langle 0| \otimes I, P_2 = |1\rangle\langle 1| \otimes I\}$$

を用いる。$|\psi\rangle = \alpha|00\rangle + \beta|01\rangle + \gamma|10\rangle + \delta|11\rangle$ とおくと，この観測により，1キュービット目が $|0\rangle$ になる確率 p_0 は

$$p_0 = \langle \psi | P_0^\dagger P_0 | \psi \rangle = |\alpha|^2 + |\beta|^2$$

と書け，量子状態は

$$\frac{\alpha}{\sqrt{|\alpha|^2 + |\beta|^2}} |00\rangle + \frac{\beta}{\sqrt{|\alpha|^2 + |\beta|^2}} |01\rangle$$

に変化する。また，1キュービット目が $|1\rangle$ になる確率 p_1 も同様に

$$p_1 = \langle \psi | P_1^\dagger P_1 | \psi \rangle = |\gamma|^2 + |\delta|^2$$

と書け，量子状態は

$$\frac{\gamma}{\sqrt{|\gamma|^2 + |\delta|^2}} |10\rangle + \frac{\delta}{\sqrt{|\gamma|^2 + |\delta|^2}} |11\rangle$$

に変化する。この観測は $Z \otimes I$ 基底による観測とも考えることができて，$Z \otimes I$ には四つの固有ベクトルがあるが，固有ベクトル $|00\rangle$ および $|01\rangle$ は固有値 1，固有ベクトル $|10\rangle$ および $|11\rangle$ は固有値 -1 である。$|00\rangle$ と $|01\rangle$ で張る固有空間と，$|10\rangle$ と $|11\rangle$ で張る固有空間の二つがあり，観測によりどちらかの固有空間に収縮すると考えてもよい。

観測については，さらなる一般化された議論があるが，本書では特に必要としないので，それについては別の書籍に譲ることにする。

2.2 従来の量子計算モデル：回路モデル

測定型量子計算の説明の前に，この節では，従来の量子計算モデルである**回路モデル**について説明する。回路モデルは量子計算の最もスタンダードな計算モデルであり，量子計算の研究は長い間，回路モデルを用いて行われてきた。回路モデルについてのより詳しい情報は Nielsen-Chuang の教科書[1]等を参考にされたい。

量子計算機というのは結局，

1. ある n キュービットの簡単な量子状態を初期状態として用意する。（通常は $|0\rangle^{\otimes n}$ を用いる。）

2. ある（非常に複雑な）n キュービットユニタリ U を初期状態に作用させ，$U|0\rangle^{\otimes n}$ を作る。

3. その状態を計算基底で測定し，その測定結果を得る。

という動作を行う機械のことである。最後に行う測定の結果が，有益な情報（例えば，素因数分解の素数や検索問題の解等）を含んでいる。

したがって，実験室で量子計算機を実現するというのは上記の 1 から 3 をすべて実現するということになる。1 と 3 は比較的簡単で，実際に問題となるのは 2 であることが多い。この U というのは非常に複雑な $2^n \times 2^n$ ユニタリ行列であるため，それを 1 回の動作で作用させることは一般には不可能である。そこで，通常は

$$U = U_r U_{r-1} ... U_2 U_1$$

と，小さくて簡単なユニタリ行列の積に分けて，U_i を一つずつ順番にかけていく方法をとる。各 U_i は通常，たかだか 2 キュービットにしか作用しないような

ユニタリ行列である．例えば，1 キュービット回転 $e^{iZ\theta/2}$ や 2 キュービット相互作用 $e^{iZ\otimes Z\phi/2}$ などである．たかだか 2 キュービットにしかアクセスしないユニタリ行列を考えるのは，実験的には一度に多くのキュービットにアクセスするのは難しいので，通常はたかだか 2 個のキュービットにしか一度にアクセスできないという理由である．U_i のような小さな簡単なユニタリ行列を，古典計算回路とのアナロジーで「ゲート（**量子ゲート**）」と呼ぶ．量子計算を，量子ゲートの組み合わせで表す方法が「回路モデル」である．

つまり，古典計算回路のように，キュービットが，「ワイヤ」にそって流れていき，途中でゲート演算を何度も行われて，最終的に測定されるということになる．図 **2.2** に例を示す．この例においては，まず，実現したい大きなユニタリ行列 U を，細かいユニタリに分ける．

$$U = U_6 U_5 U_4 U_3 U_2 U_1$$

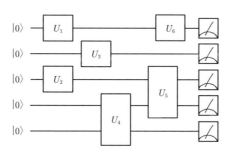

図 **2.2** 回路モデル

そして，一番左に 5 個のキュービットが $|0\rangle$ の状態で用意されて，それぞれ右にどんどん流れていく．例えば，一番上のキュービットは U_1 をまず作用されて，次に U_6 を作用させる．一番下の二つのキュービットは，まず，2 キュービットユニタリ演算 U_4 を作用させる．その後，上のキュービットは，下から 3 番目のキュービットとともに U_5 が作用される．このようにしていき，最後に，全部のキュービットにすべてのゲートが作用してすべてのキュービットが右端に到達したら，それらを計算基底で測定して，所望の結果を得ることにより，計

算が終了する。

このように，小さくて簡単なユニタリに分ける方法はいくつかあるが，標準的なものとして，1個のキュービットをx軸の周りに回すもの，z軸の周りに回すもの，そしてCZゲート

$$CZ \equiv |0\rangle\langle 0| \otimes I + |1\rangle\langle 1| \otimes Z$$

と呼ばれる，二つのキュービットに同時に作用するゲートからなる組

$$\{e^{-iX\theta/2}, e^{-iZ\theta/2}, CZ\}$$

を考えることがよくある。これらを組み合わせれば任意のnキュービットユニタリを作ることができる。(より正確には，"良く近似できる"，ということが，**ソロヴェイ–キタエフ (Solovay-Kitaev) の定理**というものにより保証されている[2]。) このように，任意のユニタリを構成できるようなゲートの組を，**ユニバーサルセット**と呼ぶ。なぜこの組がユニバーサルセットであるかというと，まず，任意の1キュービットゲートとCZがあれば，任意のnキュービットゲートが作れることが知られている。そして，任意の1キュービットゲートは，オイラーの回転角の法則より，x軸回転とz軸回転だけあれば実現できるからである。

任意の1キュービットユニタリゲートは，他にも，以下の三つの演算子

$$S \equiv |0\rangle\langle 0| + i|1\rangle\langle 1|$$
$$H \equiv |+\rangle\langle 0| + |-\rangle\langle 1|$$
$$T \equiv |0\rangle\langle 0| + e^{-i\pi/4}|1\rangle\langle 1|$$

を組み合わせて実現することができる。SとHとCZから生成される群を**クリフォード群**と呼ぶ。クリフォード群だけでは任意のユニタリゲートが実現できないことがわかっている。(それどころか，クリフォード演算子のみからなる量子回路は古典計算機で効率的にシミュレートすることができる。これは**ゴッテスマン–ニル (Gottesman-Knill) の定理**と呼ばれている[3]。) そして，任意のユニタリゲートを作るためには，クリフォード群に，クリフォード群でない演算子

（例えば T など）を一つ付け加えるだけで十分だということも知られている[4]。

クリフォード演算子のみでは，ユニバーサル量子計算は実現できないが，量子誤り訂正符号を作ることができたり，エンタングルメントの大きな有用な状態をつくることができる。特に，後で述べる，測定型量子計算のリソース状態であるグラフ状態もクリフォード演算のみで作ることができる。また，クリフォード演算はエラーが伝播しないような誤り訂正ができることが知られている。さらに，イジングエニオンと呼ばれる素励起を交換することによりトポロジカルに安定な量子計算を実現する方法があるが，この場合，イジングエニオンの交換で実現できるのはクリフォードゲートである。

2.3　新たなモデル：測定型量子計算モデルの登場

2001年にドイツのラッセンドルフとブリーゲルにより，まったく新しい量子計算機のモデルが提唱された[5]。これは，measurement-based quantum computing (MBQC) model，あるいはcluster model，あるいはone-way modelと呼ばれるものであり，日本語では**測定型量子計算**モデルと訳すことにする。

測定型量子計算モデルでは，次のような方法で量子計算を行う（図**2.3**）。

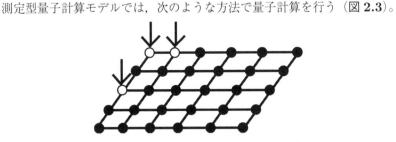

図 **2.3**　測定型量子計算（矢印が測定を表す）

1. N 個のキュービットからなる，ある状態を用意する。この状態を**リソース状態**と呼ぶ。

2. 1番目の粒子をある角度で測定し，測定結果を得る。

3. その測定結果をもとに，2番目の粒子をどういう角度で測定すべきか古典

計算機で計算する。

4. 2番目の粒子をその角度で測定し，計算結果を得る。

5. その測定結果をもとに，3番目の粒子をどういう角度で測定すべきか古典計算機で計算する。

6. 3番目の粒子をその角度で測定し，測定結果を得る。

7. 以下これの繰り返し。

8. 最後に，決められた個数の粒子をすべて測定し終わったら，測定されずに残った粒子たちの状態が（パウリ演算子を除いて）$U|0\rangle^{\otimes n}$ になっている。ここで，U は実現したいユニタリとする。

このようにして任意の量子計算が実現できるのである。

重要な点は，最初に用意するリソース状態は，アルゴリズム（つまり U）によらない固定された状態であり，アルゴリズムは測定角度を変えることにより指定されるということである。つまり，いったん N キュービットからなる，ある固定された状態を用意すれば，あとは測定と古典計算だけで，任意の量子計算が実現できるのである。このように，ある一つの状態で，測定角度を変えるだけで，任意の量子計算ができてしまう場合，そのようなリソース状態を，ユニバーサルであるという。

なぜ測定だけで量子計算ができてしまうのだろうか？測定は射影演算なのに，それでユニタリ演算が実現できてしまうのは一見，非常に不思議である。直観的な説明としては次のようなものがある。

不確定性関係により，量子系は測定されると乱されるので，測定するたびに，系がどんどん動いていく。しかし，うまく測定すると，その乱され方が，U_1, U_2, ... というユニタリになるので，実質的に量子回路 $U = U_1 U_2 U_3 ...$ を走らせたのと同じ効果を得ることができるのである。

以上の説明は，まず測定型量子計算のイメージをつかんでもらうための直観的なものである。数式を使った詳しい説明はあとの節で行う。

2.4 測定型量子計算のメリット

　測定型量子計算モデルは回路モデルをシミュレートできるし，その逆もしかりである．実際，測定型量子計算モデルと回路モデルは数学的にはまったく等価であることが知られている．したがって，測定型量子計算は計算力という観点からも回路モデルと等価であり，単に視点を変えただけにすぎない．しかし，測定型量子計算は回路モデルに比べて多くの利点があるのである．

　測定型量子計算の最も大きな利点は，「量子計算に必要なリソースを生成するという量子的段階」と，「そのリソースを測定により消費して量子計算を実行するという古典的段階」が明確に分かれているという点である．回路モデルだと，最初はエンタングルメントのまったく無い状態 $|0\rangle^{\otimes n}$ から出発し，どんどん量子ゲートをかけていくことにより系を大きくエンタングルした状態にもっていく．つまり，最初から最後まで延々と「量子的段階」が続くのである．ところが，測定型量子計算の場合，図 **2.4** で示されるように，最初の量子多体状態を作る段階（量子フェーズ）と，測定と古典計算のみの段階（古典フェーズ）に明確に分けることができる．最初の，量子多体状態を作る段階では，キュービット間に相互作用をさせ，エンタングルメントを作らなければならないので，量子的フェーズである．しかしいったん状態を作ってしまえば，あとは，古典計

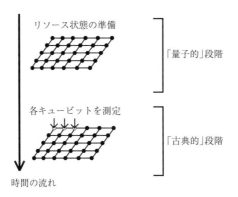

図 **2.4**　測定型量子計算における量子・古典分離

算と1キュービット測定のみで計算が実行できる．1キュービット測定は，最初にある量子状態のエンタングルメントを破壊（消費）するだけなので，ある意味，古典的フェーズと考えられる．この，測定型量子計算が持つ「量子・古典分離」は，新しい視点を提供してくれ，ここ十数年の間，回路モデルでは思いつかなかったであろう，さまざまな新しい結果を可能にしてきた．以下では，それを簡単に紹介する．詳しい説明は，各章で与えられる．

2.4.1 物性物理との関連

リソース状態は多くの粒子が複雑にもつれ合った量子多体系である．そして，「複雑な量子多体系の物理的性質の研究」というのは，まさに物性物理学がやっていることである．したがって，物性物理で研究されている物理的性質（相関，エネルギーギャップ，温度，相，対称性，トポロジカル秩序等）が測定型量子計算にどう効いてくるかということを考えると，量子計算と物性物理がつながるのである．とりわけ，物性物理では通常，平均値しか考えず，「射影測定」は考えないので，測定型量子計算は，そういう意味では，従来の物性物理に対し，「射影測定」という新たな要素を考えることの重要性を示唆しているともいえる．

例えば，エンタングルメントは量子計算にとって重要なリソースであるという考えがあるが，回路モデルだと，最初はエンタングルメントの無い状態から出発し，ゲートをかけていくにしたがって，どんどんエンタングルメントが増えていく．そうすると，どの段階で生じたエンタングルメントが，量子計算にとって重要なのかということがいま一つわかりにくいという問題がある．しかし，測定型量子計算だと，測定はエンタングルメントを壊すだけなので，最初に用意した量子多体状態（リソース状態）のエンタングルメントのみが量子計算に使われるということが明確である（これはエンタングルメントに限らず，コヒーレンスやディスコード (discord) 等，どんな「量子性」の尺度についてもいえることである）．このような利点を利用して，リソース状態のどのような物理的性質が，量子計算にとって重要なのかということが研究されてきた．例えば，いくつかのエンタングルメントの尺度で見たときに，小さいエンタングルメン

トしか持たないリソース状態は，ユニバーサルリソース状態にならないということが示された[6]。面白いことに，エンタングルメントが大きすぎても駄目だということも示されている[7]〜[9]。また，エンタングルメントだけでなく，二地点相関が大きすぎるリソース状態もユニバーサルではないということが証明された[10]。このように，リソース状態の物理的性質が，測定型量子計算にどう影響するのかということがいろいろわかってきている。エンタングルメントが小さいと量子計算できない，というのは直観的に非常に自然であるが，エンタングルメントや二地点相関が大きすぎてもいけない，というのは驚きである。どうも，系がオーダーや相関を持ちすぎていると，一つのキュービットを測定したときの効果が系全体に一気に波及してしまい，計算がうまくいかないようである（適度に，周辺だけに波及するほうが都合が良いように見える）。

また，測定型量子計算は，物性でよく使われるテンソルネットワーク表示とも非常に相性が良い[11]。面白いことに，測定型量子計算で最初に用意するリソース状態をテンソルネットワークで表すと，測定型量子計算の量子ゲートはテンソルが「住む」線形空間の演算子に対応していることがわかる。物理的にはこれは，キュービットの情報がエッジ状態にエンコードされており，バルクを測定すると，エッジ状態のキュービットがユニタリ回転を受けることに対応しているため，エッジ状態の物理と量子計算がつながるのである。テンソルネットワークとの関連については3章で述べる。

2.4.2 量子光学，光物質系との関連

また，測定型量子計算は実験で量子計算機を作る上でも有望なモデルである。いったん最初のリソース状態さえ用意できれば，あとは1粒子測定だけで量子計算が実現できるので，測定は比較的簡単にできるが，2キュービットゲートを実現するのが難しいような実験系（例えば量子光学系や，光物質系など）の場合，測定型量子計算が力を発揮する。例えば，量子光学系だと，2キュービットの間にエンタングルメントを作るのは難しく，確率的にしか成功しない。もし，回路モデルで量子計算をやろうとすると，計算の途中で，2キュービット

の間にエンタングルメントを作る操作が失敗してしまうと，量子計算全体が失敗してしまい，また最初からやり直しになってしまう（図 2.5）（あとで述べるように，ゲートをオフラインで準備して，テレポーテーションを使って回路に入れ込むという方法はある[12],[13]）。

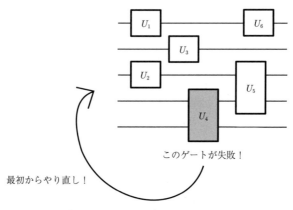

図 2.5　2 キュービットゲートの例

2 キュービットゲートの成功確率が $1/2$ だとすると，2 キュービットゲートを N 回かけるようなアルゴリズムなら，1 回も失敗しない確率は $1/2^N$ になってしまう。ところが，測定型量子計算だと，リソース状態を作るときはまだ量子計算がそもそも始まっていないので，たとえ 2 キュービットエンタングルメント操作に失敗しても，その箇所だけもう一度やり直せばよく，何度も繰返して，できるまでやればよいのである（図 2.6 のように，エンタングル操作に成功したら大きなリソースができるし，失敗したら，そこだけ消えてしまうが，また再挑戦すればよい）。このようにして望みの大きさのリソース状態ができたら，あとは測定だけすれば，量子計算が実現できるのである。

このようにして確率的に大きなリソース状態を作る方法をフュージョンと呼んでいる。どういう作り方がベストなのか，(小さいのを何度もフュージョンしたほうがいいのか，まずはできるだけ大きいのを作っておいてあとでフュージョンしたほうがいいのか等) という問題は，量子計算を離れて，純粋に数理的な

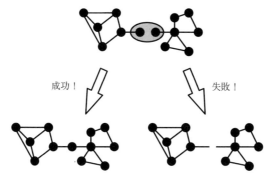

図 2.6 フュージョンによるリソース状態生成

問題としても面白く（確率的にグラフをくっつけることができるときに，どうすれば大きなグラフが作れるかという数理的な問題なので），多くの研究がなされてきている．

また，パーコレーションを使って大きなリソース状態を作ろうという話もある[14]．これは，例えば冷却原子格子などで，あるサイトには確率 p で欠損がありキュービットがロードされていないような場合を考え，確率 p が閾値よりも高ければパーコレーションの議論により，十分につながった部分格子を考えることができ，そこから，望みの大きさのリソース状態が抽出できるというものである．

2.4.3　誤り耐性量子計算との関連

量子状態は，それを取り囲む環境系との相互作用によって生じるデコヒーレンス（量子コヒーレンスの消失）に弱い．よって，真に量子性を利用する量子計算は，デコヒーレンスによって生じるエラーから保護する特別な手段を講じなければうまく機能しない．量子コンピュータを構成するすべての要素においてエラーが生じうるという前提のもと，エラーを許容して堅牢な量子計算を実行する方法が誤り耐性量子計算である．特に，現在その実現性の高さから注目され，現在活発に進められている実装研究のターゲットとなっているモデルが，表面符号と呼ばれる量子誤り訂正符号を用いたトポロジカル誤り耐性量子計算

である．じつは，このトポロジカル誤り耐性量子計算は，測定型量子計算モデルの誤り耐性量子計算として提案された．その後，表面符号を用いた回路型の誤り耐性量子計算との対応が整備され，回路型のトポロジカル誤り耐性量子計算の研究が進んでいる．測定型量子計算の場合，時間軸と空間時をリソース状態を通じて同質に扱うことができるので，複雑な誤り耐性量子計算の記述が簡潔に記述でき，トポロジーとの対応も明確になる．また，光量子ビットなど光子を用いて量子コンピュータを実装する場合は，前にも述べたように測定型量子計算が必須となるため，測定型トポロジカル誤り耐性量子計算をもとに量子コンピュータが設計されている．さらに，測定型量子計算は物性物理とも相性が良かった．有限温度の熱平衡状態を考えると必然的に熱励起のためリソース状態は理想的な状態とは異なった状態になっている．そのような状態の量子計算能力を知るためにも，測定型誤り耐性量子計算が必須となる．例えば，特定の温度以下においては，熱平衡状態が万能リソースになる量子スピン模型が知られていたり，その温度と熱力学的な相転移温度との関連も研究されている．

4章では，誤り耐性量子計算に必要な量子誤り訂正符号を，スタビライザー形式や量子ノイズ等の関連するトピックとともに導入し，回路型・測定型のトポロジカル誤り耐性量子計算について詳しく解説する．

2.4.4 古典統計物理学との関連

面白いことに，測定型量子計算を経由することによって，一見なんら関係しない古典統計物理学と量子計算を関連づけることができる．イジング模型に代表されるような古典スピン模型の分配関数を，測定型量子計算のリソース状態であるグラフ状態と直積状態の内積で表現できることが知られている．この対応を利用すると，リソース状態が古典シミュレート可能なものであれば，対応するスピン模型は可解模型となる．一方，万能リソースに対応していれば，万能量子計算を埋め込むことができるので，そのような可解模型になりえない（もし解が存在すると，素因数分解を含め量子計算で解ける問題すべてが多項式時間で解けてしまうことになる）．また，万能リソースに対応する古典スピン模型

には，その万能性を利用することによって，他のいかなる古典スピン模型の分配関数も埋め込むことができるということも示せる。これは，測定型量子計算を経由して初めて示されたことである。さらに，分配関数を量子状態を経由して表現することによって，双対関係など古典統計物理学で知られている変換が，状態に対する量子操作として簡潔に理解し，導出することができる。また，分配関数と量子計算が直接的に対応するので，分配関数を近似する量子アルゴリズムを構成することもできる。分配関数の近似は古典統計力学だけでなく，機械学習等においても重要な役割をになっており，それらの問題に量子コンピュータを利用する手がかりになるかもしれない。これら，測定型量子計算と古典統計物理との関連については5章で詳しく解説する。

2.4.5 暗号（セキュアなクラウド量子計算）との関連

測定型量子計算は，暗号，セキュリティの分野でも有用であることがわかっている。例えば，ブラインド量子計算（セキュアクラウド量子計算）というものがある。これは量子計算機を持たないアリスが，量子計算機を持つボブに，量子計算を依頼するが，アリスの個人情報はボブに漏れないようにしたい，というものである。これは，古典計算では非常に難しい問題であったし，量子計算でも，回路モデルを使う場合，満足のいく結果が得られなかった。ところが，2009年に，測定型量子計算を使うことにより，ブラインド量子計算ができることが初めて示された（この理論は，2012年1月にウィーン大学のグループによって光キュービットを用いた量子計算機による実験で確認され，BBCニュースでも紹介された†）。このように，測定型量子計算モデルは，従来の回路モデルとは違った，しかも見通しの良い視点を提供してくれるので，量子セキュリティの問題にもこれからどんどん役に立っていくのではないかと期待できる。ブラインド量子計算については6章において詳しく説明する。

---

† http://www.bbc.co.uk/news/science-environment-16636580（2017年1月現在）

2.4.6 計算量理論との関連

測定型量子計算は計算量理論においても有用であることがわかっている。例えば，計算量理論において重要な概念である対話型証明は，量子対話型証明に拡張されているが，その研究において，測定型量子計算を使うことにより，新しい結果が得られてきている。量子対話型証明においては，証明者と検証者の間でやり取りするメッセージがビット列ではなく，量子状態となる。また，検証者は通常，任意の多項式時間の量子計算ができる，と仮定される。しかし，測定型量子計算を使えば，検証者の能力を弱めても計算量クラスが変わらないこと等が証明できるのである[15]。アイデアとしては，証明者は，通常の量子状態に加えて，グラフ状態を検証者に送り，検証者は，それを用いて，測定型量子計算を行う。状態が正しいグラフ状態になっているかどうかは，スタビライザーを測定することにより検証できる。

また，非ユニバーサル量子計算機の計算能力についても近年注目が集まっている。これは，非ユニバーサル量子計算機のほうが，一般にはユニバーサル量子計算機よりも実験的に実現しやすいという実用的な理由もある。例えば，交換するゲートのみからなる量子回路 (Instantaneous Quantum Polytime, IQP) は一見，古典計算機で効率的にシミュレートできそうに見える。しかし，その出力確率分布をもし古典計算機でサンプルできたら，多項式階層が第三レベルで崩壊するという結果が知られている[16] (のちに，第二レベルまで拡張された[17])。多項式階層とは，P，NP を一般化したものであり，多項式階層が崩壊することは無いだろうと強く信じられているため，これは，IQP 回路の古典サンプル不可能性を示唆している。この証明は，IQP が測定型量子計算でシミュレートできることを使うと簡単に理解することができる。また，IQP 回路を測定型量子計算で表してみると，あるイジングモデルの分配関数と一致する。そこで，可解イジングモデルの分配関数に対応する IQP 回路は，古典で効率的にシミュレートできることがわかる。また逆に，難しい IQP に対応するイジング分配関数は，古典計算が難しいということもわかる[18]。

ユニバーサルではない量子計算モデルのもう一つの例としては，one-clean

qubit model (DQC1)[19] が挙げられる。このモデルは，1 キュービットのみ純粋状態で，あとはすべて完全混合状態，つまり $|0\rangle\langle 0| \otimes \frac{I^{\otimes n}}{2^n}$，を入力状態とし，任意の量子ゲートを作用させ，最後に 1 キュービットのみ測定するというものである。ほとんどすべてのインプット状態が完全混合状態なので，このモデルも，一見すると古典計算機で効率的にシミュレートできそうに見える。また，明らかにユニバーサル量子計算モデルではなさそうに見える。しかし，このモデルは，古典計算機ではまだ効率的に解くアルゴリズムが知られていない問題（例えば，結び目不変量であるジョーンズ (Jones) 多項式の計算等）を効率的に解くことができることがわかっている。つまり，DQC1 は，ユニバーサル量子計算と古典計算の間に位置すると予想されているのである。最近，DQC1 モデルの出力確率分布が古典計算機で効率的にサンプルできるならば多項式階層が崩壊することが示された[17],[20]。多項式階層が崩壊しないと考えるならば，これは，DQC1 モデルの古典シミュレート不可能性を意味する。測定型量子計算と計算量理論との関連については 7 章で詳しく説明する。

2.5 クラスター状態，グラフ状態

測定型量子計算においては，最初にある量子多体状態（リソース状態）を用意して，あとは測定していくだけで任意の量子計算ができるのであった。最初のリソース状態は，どんなアルゴリズムを走らせるかに依存しない。つねに，同じリソース状態を用意して，あとは測定角度で，アルゴリズムを決めればよいのである。果たしてそのような都合の良い量子多体状態はあるのだろうか？ラッセンドルフとブリーゲルにより，クラスター状態というリソース状態が提唱されている[5]。クラスター状態はグラフ状態とも呼ばれている。一般の形のグラフの場合は**グラフ状態**と呼ばれ，特にグラフが 2 次元正方格子の場合に**クラスター状態**と呼ぶという慣習があるようだが，実際はあまり厳密な区別はしていない場合がほとんどである。したがって，本書では，グラフ状態で統一することにする。

グラフ状態の定義は以下のようである。図 2.7 のように，あるグラフを考える。グラフの各頂点にキュービットを $|+\rangle = \frac{1}{\sqrt{2}}(|0\rangle + |1\rangle)$ の状態でおく。つぎに，二つの頂点が辺で結ばれていたら，その二つの頂点に CZ ゲート

$$CZ \equiv |0\rangle\langle 0| \otimes I + |1\rangle\langle 1| \otimes Z$$

を作用させる。CZ ゲートは互いに交換するので，かける順序は任意でよい（ちなみに，この CZ ゲートは，イジング相互作用ハミルトニアンで，時間 $\pi/4$ だけ時間発展させたものと（1 キュービット回転を除き）同等である）。こうして作られる状態をグラフ状態と呼んでいる。

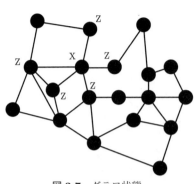

図 2.7 グラフ状態

グラフ状態はいろいろな面白い性質を持つ。特に，**スタビライザー状態**であるというのが有名である。スタビライザー状態とは，ある可換な演算子たちの同時固有ベクトルとして定義される状態のことである。量子情報に出てくる状態は非常に複雑なので，状態ベクトルを直接的に書き下すのはあまり賢いやりかたではなく，そこで，ある可換な演算子の組を定義して，その同時固有ベクトルであるとして状態を定義するのである。演算子を十分多く用意すれば，状態ベクトルを一意に指定することができる（パウリ演算子のテンソル積の演算子を一つ用意すると，その固有値が 1 の固有空間と，-1 の固有空間の二つに，ヒルベルト空間を 2 等分できる。また別のそれと交換するパウリ演算子のテンソル積の演算子を持ってきてその固有空間でヒルベルト空間を割ると，前のと合わせて，ヒルベルト空間が 4 等分される。これを繰り返せば，最後には，一つの状態を指定できる）。

状態が変化する様子も，演算子の組をアップデートすることにより記述できる（ということは，演算子の組のアップデートが古典計算機で効率的にできるなら，その量子状態の変化は古典的にシミュレートできるということになる。

これが以前述べた Gottesman-Knill の定理[3)]の証明である)。

図 2.7 のように，グラフ状態の場合

$$K_i \equiv X_i \bigotimes_{j \in N_i} Z_j$$

という演算子たち（スタビライザー）の同時固有状態として定義される。ここで，N_i はサイト i の隣接点集合である。つまり，グラフ上で，あるサイト i に X がかかり，その隣接点すべてに Z がかかるというような演算子を，すべてのサイト i について考えるのである。

サイト i とサイト k が隣接していなければ，K_i と K_k は可換であるし，もし隣接しているならば，X と Z の交換が 2 回出てくるので，マイナス符号が 2 回出て，キャンセルして，結局可換になる。したがって，すべての K_i が可換であり，同時固有ベクトルが定義できる。

さて，なぜグラフ状態で測定型量子計算ができるのか説明しよう。いま，$|\psi\rangle = a|0\rangle + b|1\rangle$ という 1 キュービット状態を持っているとする。それに，$|+\rangle$ 状態をくっつけて，CZ ゲートをかける。すると

$$CZ(|\psi\rangle_1 |+\rangle_2) = a|0\rangle_1 |+\rangle_2 + b|1\rangle_1 |-\rangle_2$$

となる。1 番目のキュービットを $|0\rangle + e^{i\theta}|1\rangle$ に射影する。すると，2 番目のキュービットが

$$a|+\rangle_2 + be^{-i\theta}|-\rangle_2 = He^{i\theta Z/2}|\psi\rangle_2$$

となる。つまり，最初に持っていた状態 $|\psi\rangle$ を，Z 軸の周りに θ だけ回転し，アダマールゲートを作用させる $J(\theta)$ という操作ができた。このアダマールゲートと Z 回転を組み合わせれば，どんな 1 キュービットユニタリも可能である。よって，1 次元クラスター状態を使えば，どんな 1 キュービット量子計算もできることがわかった。

射影測定の場合，つねに望みの状態に射影できるとは限らない。もし，直交する状態 $|0\rangle - e^{i\theta}|1\rangle$ に射影してしまったらどうなるだろうか。この場合，簡単

に確かめられるように、2番目のキュービットは

$$a|+\rangle_2 - be^{-i\theta}|1\rangle_2 = XHe^{i\theta Z/2}|\psi\rangle_2$$

となる。つまり、前のと比べて、余分な X がついている。これは**副次的演算子**（byproduct operator）と呼ばれる。副次的演算子は次の測定角度を調節することにより効果をキャンセルできる。実際、次の測定角度が ϕ であった場合に、もし副次的演算子 X がついていたら、ϕ を $-\phi$ に変える。すると

$$He^{-i\phi Z}XHe^{i\theta Z}|\psi\rangle$$

となるが

$$He^{-i\phi Z}XHe^{i\theta Z}|\psi\rangle = ZHe^{i\phi Z}He^{i\theta Z}|\psi\rangle$$

なので、副次的演算子 X を移動させることができた。

そして図 **2.8** に示すように、測定と CZ ゲートは可換である。したがって、最初から CZ をかけておいても同じ結果を得る。つまり、1次元グラフ状態を作り、左から順番にキュービットを測定していけば、任意の1キュービットユニタリゲートが実現できるのである。

任意の1キュービットユニタリだけではユニバーサル量子計算はできない。ユニバーサル量子計算のためには、ある2キュービットゲート（CZ など）が

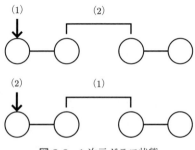

図 **2.8** 1次元グラフ状態

必要である．CZ ゲートは，図 **2.9**(a) に示すようにして実現できる．しかし，CZ ゲートと測定は交換するので，図 (a) は図 (b) と等価である．つまり，最初にコの字型のグラフ状態を作り，あとは各キュービットを測定すれば CZ ゲートが実現できるのである．

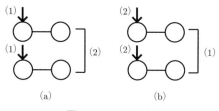

図 **2.9** CZ ゲート

以上より，与えられた回路に対応するグラフ状態を作れば，そこでの測定型量子計算で回路をシミュレートできることがわかった．もしくは，最初に 2 次元正方格子上のグラフ状態を作っても，任意の回路をシミュレートすることができる．なぜなら，図 **2.10** に示すように，Z 基底で測定すると，測定したキュービットを除いたグラフ状態が得られるからである．

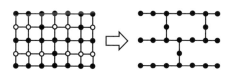

図 **2.10** Z 測定でグラフ状態を変形

グラフがどんな形だったら，ユニバーサル測定型量子計算ができるのかというのは面白い問題である．数理的にも面白いし，実用的な面からいっても，将来，高分子でグラフ状態を作って，測定型量子計算をやろうということを考えた場合，化学者に，こういう形の高分子を作ってね，と提案するには，その辺がわかっている必要がある．しかし，これはなかなか難しい問題で，まだ完全な解は無い．例えば，木グラフだと，ユニバーサル量子計算できないことがわかっている[21]．なぜなら，木グラフ上での測定は古典計算機で密度行列繰り込み群のようにしてシミュレートできるからである．このように，有用な測定型

量子計算ができないようなグラフの具体例はいくつか見つかっている。

2.6 連続変数系

グラフ状態は**連続変数系**に拡張することができ，そこでの測定型量子計算を考えることができる[22),23)]。アイデアとしては，連続変数系の場合，1キュービット状態

$$|+\rangle \equiv \frac{1}{\sqrt{2}}(|0\rangle + |1\rangle)$$

が，1モード (qumode) の運動量 0 の状態 $|0\rangle_p$ に対応し，キュービット系の CZ ゲート

$$|0\rangle\langle 0| \otimes I + |1\rangle\langle 1| \otimes Z$$

は連続系では 2 モードゲート $e^{iq \otimes q}$ に対応する。q と p はいわゆる，「位置」と「運動量」演算子であり，交換関係

$$[q,p] = i$$

を満たす。ワイル–ハイゼンベルグ (Weyl-Heisenberg) 演算子

$$X(s) \equiv \exp[-isp]$$
$$Z(s) \equiv \exp[isq]$$

というものを定義する。ここで，$s \in \mathbb{R}$

$$X(s)|t\rangle_q = |t+s\rangle_q$$
$$Z(s)|t\rangle_p = |t+s\rangle_p$$

である。また，$|t\rangle_q$ and $|t\rangle_p$ はそれぞれ，q と p の固有値 t の固有ベクトルである。これらは

2.6 連続変数系

$$X(s)Z(t) = e^{-ist}Z(t)X(s)$$
$$qX(s) = X(s)(q+s)$$
$$pZ(s) = Z(s)(p+s)$$

という関係を満たすので，パウリ演算子の連続変数版になっている。フーリエ変換 F を

$$F \equiv \exp\left[i(q^2+p^2)\frac{\pi}{4}\right]$$

と定義すると

$$F|s\rangle_q = |s\rangle_p$$

を満たす。これは，キュービット系でのアダマールゲートに対応する。

$$F^2|s\rangle_q = |-s\rangle_q$$
$$F^2|s\rangle_p = |-s\rangle_p$$
$$F^4 = I$$
$$F^\dagger q F = -p$$
$$F^\dagger p F = q$$
$$Z(m)F = FX(m)$$
$$X(m)F = FZ(-m)$$

を満たす。連続変数系での CZ は

$$CZ \equiv \exp(iq \otimes q)$$

で定義される。また，キュービット系での CX に相当するゲートは

$$CX \equiv \exp(-iq \otimes p)$$

である。

図 **2.11** を見てみよう。ここで

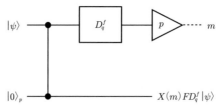

図 2.11 連続変数系のテレポーテーションゲート

$$D_q^f \equiv \exp[if(q)]$$

であり，f は q の多項式である。D_q^f と D_p^f は FD_q^f から得られる。なぜなら

$$(FD_q^0)^3 FD_q^f = D_q^f$$
$$(FD_q^0)^2 (FD_{-q}^f)(FD_q^0) = D_p^f$$

しかも，$e^{isq^k/k}$ ($k=1,2,3$) と $e^{isp^k/k}$ ($k=1,2,3$) は任意の 1 モード量子計算が可能である (single-mode universal) ことがわかっている[24]。したがって

$$R_q(v) \equiv F \exp\left[i\left(aq + b\frac{q^2}{2} + c\frac{q^3}{3}\right)\right]$$

も single-mode universal である。ここで，$v=(a,b,c)$ である。したがって，あとは CZ があれば，多モードの任意の量子計算が可能 (multi-mode universality) となる。

副次的演算子 $X(m)$ はどうやって直すのだろうか？

$$R_q(v)X(m) = Z(m)R_{q+m}(v)$$
$$= Z(m)R_q(M_m v)$$

である。ただし

$$M_m = \begin{pmatrix} 1 & m & m^2 \\ 0 & 1 & 2m \\ 0 & 0 & 1 \end{pmatrix}$$

2.6 連続変数系

$$M_m^{-1} = \begin{pmatrix} 1 & -m & m^2 \\ 0 & 1 & -2m \\ 0 & 0 & 1 \end{pmatrix}$$

したがって，もし $R_q(v)$ を実現したくて，$X(m)$ という副次的演算子があったら，$R_q(M_m^{-1}v)$ を実現すればよい．しかも

$$CZ(X(m) \otimes I) = (X(m) \otimes Z(m))CZ$$

$$CZ(I \otimes X(m)) = (Z(m) \otimes X(m))CZ$$

であるので，CZ と可換である．

D_q^f をかけて p を測定するのは $(D_q^f)^\dagger p D_q^f$ の測定と同じである．したがって，図 2.11 において e^{isq} を実現するには

$$e^{-isq} p e^{isq} = p + s$$

を測定すればよい．これはホモダイン測定で簡単にできる．また，図 2.11 において $e^{isq^2/2}$ を実現するには

$$e^{\frac{-isq^2}{2}} p e^{\frac{isq^2}{2}} = p + sq$$

を測定すればよい．これも，ホモダイン測定でできる．図 2.11 において $e^{isq^3/3}$ を実現するには，原理的には

$$e^{\frac{-isq^3}{3}} p e^{\frac{isq^3}{3}} = p + sq^2$$

を測定すればできる．

連続系と離散系の大きな違いは，$|0\rangle_p$ が非現実的であるため，実際は有限スクイーズド状態

$$|0, \Omega\rangle_p = \frac{1}{(\pi\Omega^2)^{\frac{1}{4}}} \int dp \, e^{-\frac{p^2}{2\Omega^2}} |p\rangle_p$$

を使うことになり，そのため，連続変数系での測定型量子計算は，余計なエラーをもたらすことになる点である．

光学系では，$e^{iq^3/3}$ の実現は e^{iq} や $e^{iq^2/2}$ に比べて難しい。しかし

$$Q^\dagger(t)e^{\frac{i\gamma q^3}{3}}Q(t) = e^{i\gamma' \frac{q^3}{3}} \tag{2.4}$$

ただし

$$Q(t) \equiv e^{\frac{-i\ln(t)(qp+pq)}{2}}$$

であり，$t = (\gamma'/\gamma)^{1/3}$ という関係を使えば，$e^{i\gamma' q^3/3}$ であるので，任意のパラメータで実現できるようになる。

引用・参考文献

1) M. A. Nielsen, I. L. Chuang: *Quantum computation and quantum information*, Cambridge University Press (2010)
2) C. M. Dawson, M. A. Nielsen: *The Solovay-Kitaev algorithm*, arXiv:0505030 (2005)
3) D. Gottesman: *The Heisenberg representation of quantum computers*, Proceedings of the XXII International Colloquium on Group Theoretical Methods in Physics, pp.32–43, (1999)
4) S. Bravyi, A. Kitaev: *Universal quantum computation with ideal Clifford gates and noisy ancillas*, Phys. Rev. A, **71**, 022316 (2005)
5) R. Raussendorf, H. J. Briegel: *A one-way quantum computer*, Phys. Rev. Lett., **86**, 5188 (2001)
6) M. Van den Nest, A. Miyake, W. Dur and H. J. Briegel: *Universal resources for measurement-based quantum computation*, Phys. Rev. Lett., **97**, 150504 (2006)
7) D. Gross, S. T. Flammia and J. Eisert: *Most quantum states are too entangled to be useful as computational resources*, Phys. Rev. Lett., **102**, 190501 (2009)
8) M. J. Bremner, C. Mora and A. Winter: *Are random pure states useful for quantum computation?*, Phys. Rev. Lett., **102**, 190502 (2009)
9) T. Morimae: *Strong entanglement causes low gate fidelity in inaccurate one-way quantum computation*, Phys. Rev. A, **81**, 060307(R) (2010)
10) K. Fujii, T. Morimae: *Computational power and correlation in quantum computational tensor network*, Phys. Rev. A, **85**, 032338 (2012)

11) D. Gross, J. Eisert: *Novel schemes for measurement-based quantum computation*, Phys. Rev. Lett., **98**, 220503 (2007)
12) D. Gottesman, I. L. Chuang: *Demonstrating the viability of universal quantum computaion using teleportation and single-qubit operations*, Nature, **402**, pp.390–393 (1999)
13) E. Knill, R. Laflamme and G. J. Milburn: *A scheme for efficient quantum computation with linear optics*, Nature, **409**, pp.46–52 (2001)
14) D. E. Browne, M. B. Elliott, S. T. Flammia, S. T. Merkel, A. Miyake and A. J. Short: *Phase transition of computational power in the resource states for one-way quantum computation*, New J. Phys., **10**, 023010 (2008)
15) T. Morimae, D. Nagaj and N. Schuch: *Quantum proofs can be verified using only single-qubit measurements*. Phys. Rev. A, **93**, 022326 (2016)
16) M. J. Bremner, R. Jozsa and D. J. Shepherd: *Classical simulation of commuting quantum computations implies collapse of the polynomial hierarchy*, Proc. R. Soc. A, **467**, pp.459–472 (2011)
17) K. Fujii, H. Kobayashi, T. Morimae, H. Nishimura, S. Tamate and S. Tani: *Power of quantum computation with few clean qubits*, Proc. the 43rd International Colloquium on Automata, Languages and Programming (ICALP 2016), LIPIcs, **55**, 13, pp.1–14 (2016)
18) K. Fujii, T. Morimae: *Quantum commuting circuits and complexity of Ising partition functions*, arXiv:1311.2128
19) E. Knill, R. Laflamme: *Power of one bit of quantum information*, Phys. Rev. Lett., **81**, 5672 (1998)
20) T. Morimae, K. Fujii and J. F. Fitzsimons: *Hardness of Classically simulating the one-clear-qubit model*, Phys. Rev. Lett., **112**, 130502 (2014)
21) N. Yoran, A. J. Short: *Classical simulation of limited-width cluster-state quantum computation*, Phys. Rev. Lett., **96**, 170503 (2006)
22) M. Gu, C. Weedbrook, N. C. Menicucci, T. C. Ralph and P. van Loock: *Quantum computing with continuous-variable clusters*, Phys. Rev. A, **79**, 062318 (2009)
23) N. C. Menicucci, P. van Loock, M. Gu, C. Weedbrook, T. C. Ralph and M. A. Nielsen: *Universal quantum computation with coninuous-variable cluster states*, Phys. Rev. Lett., **97**, 110501 (2006)
24) S. Lloyd, S. L. Braunstein: *Quantum computation over continuous variables*, Phys. Rev. Lett., **82**, 1784 (1999)

3 テンソルネットワーク上での測定型量子計算

3.1 行列積状態

N 個のキュービットからなる純粋な量子状態 $|\psi\rangle$ を考えよう。計算基底を用いると、$|\psi\rangle$ は

$$|\psi\rangle = \sum_{k_1=0}^{1} ... \sum_{k_N=0}^{1} C(k_1,...,k_N)|k_N,...,k_1\rangle \tag{3.1}$$

と書ける。ここで、$C(k_1,...,k_N)$ は

$$\{0,1\}^N \ni (k_1,...,k_N) \mapsto C(k_1,...,k_N) \in \mathbb{C} \tag{3.2}$$

という N ビット列から複素数への関数である。つまり、状態 $|\psi\rangle$ を指定するには、N の指数関数個のオーダー、$O(2^N)$、の複素数 $C(k_1,...,k_N)$ を指定しなければならない。したがって、解析計算や数値計算で状態 $|\psi\rangle$ の時間発展や、あるオブザーバブル A の平均値 $\langle\psi|A|\psi\rangle$ 等を計算しようと思うと、非常に複雑になったり、計算時間とメモリが大量に必要となってしまうのである。実際、物性物理や統計物理などの量子多体系を扱う分野では、このような、指数関数的なパラメータの増加が研究の大きな障害になっている。

しかし、よく考えてみると、指数関数的に大きな次元を持つヒルベルト空間のすべての状態ベクトルを扱わなくてもよい場合が多い。例えば、物性物理等では、物理的に自然なハミルトニアン（つまり、隣接 2 体相互作用等）の基底状態とそこからの低エネルギー励起状態しか興味が無い場合が多い（図 **3.1**）。

3.1 行列積状態

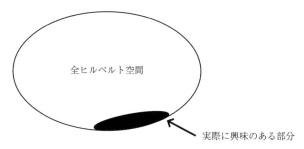

図 3.1 物理的に興味のある状態

(そもそも物性物理で考えるハミルトニアンは，あるエネルギーレンジの中でのみ近似的に正しいハミルトニアン (effective Hamiltonian) であるので，高エネルギー励起状態まで考えてもあまり意味が無いのである。) そのような場合には，式 (3.1) のような最も一般的な状態ベクトルの記述の仕方は非常に無駄が多く，あまり賢い選択とはいえないので，なにか別の効率的な表示方法を使うべきである。

行列積状態 (matrix product state, MPS) というのは，量子多体状態の効率的な表現方法である[1),2)]。これは，状態を

$$|\psi\rangle = \sum_{k_1=0}^{1} ... \sum_{k_N=0}^{1} \left(L^t A_N[k_N]...A_1[k_1] R \right) |k_N, ..., k_1\rangle \tag{3.3}$$

と書くものである。つまり，式 (3.1) の関数 C として

$$C(k_1,...k_N) = L^t A_N[k_N]...A_1[k_1] R \tag{3.4}$$

という特殊な形を仮定するのである。ここで，L と R は D 次元複素縦ベクトル，$A_i[k_i]$ は $D \times D$ 複素行列を表す。

以下では，量子力学の Dirac 記法を流用して，縦ベクトル L と R をそれぞれ，$|L\rangle$ と $|R\rangle$ と，ケット (ket) で書くことにする。すると，式 (3.3) は

$$|\psi\rangle = \sum_{k_1=0}^{1} ... \sum_{k_N=0}^{1} \langle L|A_N[k_N]...A_1[k_1]|R\rangle |k_N, ..., k_1\rangle \tag{3.5}$$

となる。

次元 D を十分大きくすれば，任意の純粋状態を行列積状態で書くことができる。状態 $|\psi\rangle$ を，行列積状態で書いた場合，状態 $|\psi\rangle$ を指定するには $|L\rangle$, $|R\rangle$, そして $\{A_i[k_i]\}$ を指定すればよい。すなわち，$O(ND^2)$ の個数の複素数を指定すればよい。

物性物理や量子情報などで見かけるさまざまな状態は，並進対称

$$A_i[k] = A_j[k] \quad i \neq j \tag{3.6}$$

かつ小さな $D(\simeq 2,3)$ の行列積状態で書くことができる場合が多い。そのため，指数関数個の複素数ではなく，数個の複素数を指定するだけで状態を効率的に記述することができるのである。

行列積状態の簡単な具体例として，N キュービット 1 次元グラフ状態を考えてみよう。N キュービット 1 次元グラフ状態は

$$\begin{aligned}|L\rangle &= |+\rangle \\ |R\rangle &= |0\rangle \\ A[0] &= |+\rangle\langle 0| \\ A[1] &= |-\rangle\langle 1|\end{aligned} \tag{3.7}$$

の行列積状態で書ける。実際，N キュービット 1 次元グラフ状態は

$$|+\rangle^{\otimes N} = \frac{1}{\sqrt{2^N}} \sum_{z_1=0}^{1} \cdots \sum_{z_N=0}^{1} |z_1,...,z_N\rangle \tag{3.8}$$

の各隣どうしのキュービットに CZ をかけたものであるため

$$\frac{1}{\sqrt{2^N}} \sum_{z_1=0}^{1} \cdots \sum_{z_N=0}^{1} (-1)^{f(z_1,...,z_N)} |z_1,...,z_N\rangle \tag{3.9}$$

となる。ここで，$f(z_1,...,z_N)$ は $(z_1,...,z_N)$ のうち，隣どうしが 11 であるようなペアの個数である。そして

$$A[0]A[0]=|+\rangle\langle0|+\rangle\langle0| = \frac{1}{\sqrt{2}}|+\rangle\langle0| \tag{3.10}$$

$$A[0]A[1]=|+\rangle\langle0|-\rangle\langle1| = \frac{1}{\sqrt{2}}|+\rangle\langle1| \tag{3.11}$$

$$A[1]A[0]=|-\rangle\langle1|+\rangle\langle0| = \frac{1}{\sqrt{2}}|-\rangle\langle0| \tag{3.12}$$

$$A[1]A[1]=|-\rangle\langle1|-\rangle\langle1| = -\frac{1}{\sqrt{2}}|-\rangle\langle1| \tag{3.13}$$

であるので,確かに,隣どうしが11の箇所から −1 の寄与が出てくることがわかる。

この1次元グラフ状態で測定型量子計算を行った場合,測定による状態変化は,2×2 行列 A をアップデートしていけば記述できるため,効率的な記述が可能である。実際,1次元グラフ状態上での測定型量子計算は古典計算機で効率的にシミュレートできることが知られている[3],[4]。

3.2 テンソルネットワーク

行列積状態の

$$\langle L|A[k_N]...A[k_1]|R\rangle$$
$$= \sum_{a,b,...,z} L_a A[k_N]_{a,b} A[k_{N-1}]_{b,c}...A[k_2]_{x,y} A[k_1]_{y,z} R_z \tag{3.14}$$

の部分は,図 **3.2** のようにダイアグラムで書くことができる。つまり,ベクトルは1次元のテンソルなので,足が1本出ている箱を書き,行列は2次元のテンソルなので,足が2本出ている箱を書く。足にはラベル $(a,b,c,...)$ を付け,つながった足については和をとる。

このようなダイアグラムを考えると,行列積表現を2次元に拡張することが

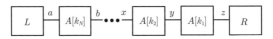

図 **3.2** 行列積状態のダイアグラムによる表示

自然に思いつく。つまり

$$C(k_1,...,k_N) = \mathcal{C}(T[k_N]...T[k_2]T[k_1]) \tag{3.15}$$

と定義するのである。ここで，$\mathcal{C}$ はテンソルの縮約を表す。つまり，つながった足について和をとるのである。例えば，図 3.3 のようなテンソルのネットワーク（テンソルネットワーク）の場合

$$\mathcal{C}(T[k_1]T[k_2]...T[k_6])$$
$$= \sum_{a,b,c,d,e,f} T[k_1]_a T[k_2]_{b,c,f} T[k_3]_{c,d,e} T[k_4]_{a,b} T[k_5]_{f,d} T[k_6]_e \tag{3.16}$$

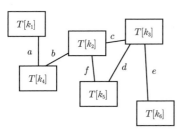

図 3.3　テンソルネットワークの例

となる。テンソルネットワークで状態を指定する場合は，各テンソルの情報と，テンソルのつながり方（ネットワーク）の情報を指定すればよい。2 次元グラフ状態は，図 3.4 のようなテンソルネットワークで書くことができる。ただし，各テンソルは図 3.5 で定義される。このテンソルネットワーク表

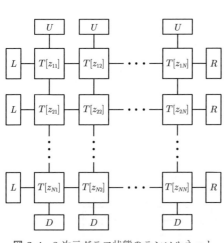

図 3.4　2 次元グラフ状態のテンソルネットワーク表示

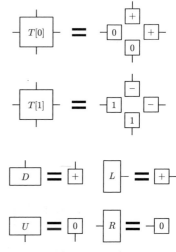

図 3.5　2 次元グラフ状態のテンソル

示が実際に 2 次元グラフ状態を表すことを示すのは簡単な練習問題である。

3.3　1次元グラフ上での測定型量子計算

1 次元グラフ状態における測定型量子計算を，テンソルネットワーク表示（行列積表示）でもう一度考えてみよう。1 次元グラフ状態をテンソルネットワークで書くと

$$\sum_{k_N=0}^{1} ... \sum_{k_1=0}^{1} \langle L|A[k_N]...A[k_1]|R\rangle |k_N,...,k_1\rangle$$

となる。ただし，$A, |L\rangle, |R\rangle$ は式 (3.7) で与えられる。この 1 次元グラフ状態の 1 番目のキュービットを

$$|\theta_{s_1}\rangle \equiv |0\rangle + (-1)^{s_1} e^{i\theta} |1\rangle$$

の基底で測定してみよう。ただし，$s_1 \in \{0,1\}$。すると，測定後の状態は

$$\sum_{k_N=0}^{1} ... \sum_{k_1=0}^{1} \langle L|A[k_N]...A[k_1]|R\rangle |k_N...k_2\rangle \otimes |\theta_{s_1}\rangle\langle\theta_{s_1}|k_1\rangle$$

$$= \sum_{k_N=0}^{1} ... \sum_{k_2=0}^{1} \langle L|A[k_N]...A[k_2]\Big(\sum_{k_1=0}^{1} \langle\theta_{s_1}|k_1\rangle A[k_1]\Big)|R\rangle |k_N...k_2\rangle \otimes |\theta_{s_1}\rangle$$

$$= \sum_{k_N=0}^{1} ... \sum_{k_2=0}^{1} \langle L|A[k_N]...A[k_2](X^{s_1}He^{\frac{-i\theta Z}{2}})|R\rangle |k_N...k_2\rangle \otimes |\theta_{s_1}\rangle$$

$$= \sum_{k_N=0}^{1} ... \sum_{k_2=0}^{1} \langle L|A[k_N]...A[k_2]X^{s_1}J(\theta)|R\rangle |k_N...k_2\rangle \otimes |\theta_{s_1}\rangle \quad (3.17)$$

となる。ここで

$$\sum_{k_1=0}^{1} \langle\theta_{s_1}|k_1\rangle A[k_1] = |+\rangle\langle 0| + (-1)^{s_1} e^{-i\theta} |-\rangle\langle 0|$$

$$= X^{s_1} H e^{\frac{i\theta Z}{2}}$$

を利用した。

式 (3.17) をよく見てみると，測定後には，$|R\rangle$ という 2 次元ベクトルに，$X^{s_1}J(\theta)$ という 2×2 行列が作用している。$|R\rangle$ を状態ベクトルとみなして，$X^{s_1}J(\theta)$ を 1 キュービット量子ゲートとみなすと，1 次元グラフ状態における測定型量子計算でおなじみの J ゲートが実現できている。つまり，グラフ状態の物理的なキュービットを測定すると，$|R\rangle$ や A が「住んでいる」架空の 2 次元線形空間の中で，「状態ベクトル」$|R\rangle$ に「量子ゲート」$J(\theta)$ を作用させることができるのである。

さらに，2 番目のキュービットを基底

$$|\theta'_{s_2}\rangle \equiv |0\rangle + (-1)^{s_2}e^{i\theta'}|1\rangle \tag{3.18}$$

で測定してみよう。測定後の状態は

$$\sum_{k_N=0}^{1}...\sum_{k_2=0}^{1}\langle L|A[k_N]...A[k_2]X^{s_1}J(\theta)|R\rangle|k_N...k_3\rangle \otimes |\theta'_{s_2}\rangle\langle\theta'_{s_2}|k_2\rangle \otimes |\theta_{s_1}\rangle$$

$$=\sum_{k_N=0}^{1}...\sum_{k_3=0}^{1}\langle L|A[k_N]...A[k_2]X^{s_2}J(\theta')X^{s_1}J(\theta)|R\rangle|k_N...k_3\rangle \otimes |\theta'_{s_2}\rangle \otimes |\theta_{s_1}\rangle$$

となることが確認できる。つまり，$X^{s_1}J(\theta)|R\rangle$ にさらに $X^{s_2}J(\theta')$ ゲートを作用させることができた。このように，キュービットを順に測定していくことにより，$|R\rangle$ に次々と J ゲートを作用させることができ，量子計算が「シミュレート」できるのである。

3.4　相　関　空　間

これまでに述べたように，グラフ状態において，物理的キュービットを測定すると，架空の 2 次元線形空間内で J ゲートを実現することができる。このような，架空の空間でのゲートの実現は，じつは，グラフ状態に限らず一般にいえる[5]~[7]。あるテンソルネットワーク

3.4 相関空間

$$\sum_{k_N=0}^{1} ... \sum_{k_1=0}^{1} \langle L|A[k_N]...A[k_1]|R\rangle |k_N,...,k_1\rangle \tag{3.19}$$

を考えよう．1番目のキュービットを

$$|\theta,\phi,+\rangle \equiv \cos\frac{\theta}{2}|0\rangle + e^{i\phi}\sin\frac{\theta}{2}|1\rangle \tag{3.20}$$

$$|\theta,\phi,-\rangle \equiv \sin\frac{\theta}{2}|0\rangle - e^{i\phi}\cos\frac{\theta}{2}|1\rangle \tag{3.21}$$

の基底で測定する．測定後の状態は

$$\sum_{k_N=0}^{1} ... \sum_{k_2=0}^{1} \langle L|A[k_N]...A[k_2]A[\theta,\phi,\pm]|R\rangle |k_N...k_2\rangle \otimes |\theta,\phi,\pm\rangle \tag{3.22}$$

となる．ただし

$$A[\theta,\phi,+] \equiv \cos\frac{\theta}{2}A[0] + e^{-i\phi}\sin\frac{\theta}{2}A[1] \tag{3.23}$$

$$A[\theta,\phi,-] \equiv \sin\frac{\theta}{2}A[0] - e^{-i\phi}\cos\frac{\theta}{2}A[1] \tag{3.24}$$

である．グラフ状態のときと同様に，「量子ゲート」$A[\theta,\phi,\pm]$が「量子状態」$|R\rangle$に作用しているとみなすことができる．つまり，テンソルネットワーク状態の物理的なキュービットを測定すると，Aや$|R\rangle$の「住んでいる」架空の2次元線形空間において，$|R\rangle$に量子ゲートを作用させることができるのである（したがって，もし$A[0]$と$A[1]$が，うまくとられていて$A[\theta,\phi,\pm]$がユニバーサルゲートにできれば，テンソルネットワーク状態（式(3.19)）はユニバーサルリソース状態ということになる）．

この，Aや$|R\rangle$の「住んでいる」架空の線形空間のことを**相関空間**(correlation space) と呼んでいる[5)~7)]．相関空間のイメージを図で表したものが**図3.6**である．図に示すように，実際の物理系において，N個のエンタングルしたキュービットが並んでいる．これをテンソルネットワークで書くと，Aや$|R\rangle$の住む2次元線形空間が現れる（相関空間）．この相関空間の中にある架空の1キュービットは，実際の物理系のNキュービットと相関を持っている．実際の物理系のキュービットを測定すると，それにしたがって，架空のキュービットにゲート

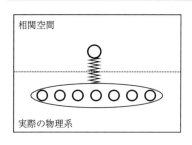

図 3.6 相関空間のイメージ

がかかり,架空のキュービットを回転させることができるのである.その回転がユニバーサルなものであれば,相関空間の中でユニバーサルな 1 キュービット量子計算を実行することが可能となる.

この考えは,物理的なキュービットの配列が 2 次元以上の場合にも拡張できる.その場合,相関空間は 2 次元よりも次元が大きくなり,多キュービットユニバーサルな量子計算を相関空間の中で行うことができるのである.

3.5　Affleck-Kennedy-Lieb-Tasaki 状態

相関空間というのは,単なる便宜上の空想的な空間なのだろうか?じつは面白いことに,相関空間内のベクトルは物性物理で**エッジ状態**と呼ばれているものに対応しているのである.

それを見るために,物性物理で有名な **Affleck-Kennedy-Lieb-Tasaki (AKLT) 状態**[8]を例として考えよう.ハミルトニアン

$$\sum_j \left[S_j \cdot S_{j+1} + \frac{1}{3}(S_j \cdot S_{j+1})^2 \right] \tag{3.25}$$

で記述される,スピン 1 の粒子が 1 次元に並んだ系を考えよう.ただし,$S_j \equiv (S_j^x, S_j^y, S_j^z)$ はサイト j のスピン 1 演算子である.

$$S_j^x \equiv \frac{1}{\sqrt{2}} \begin{pmatrix} 0 & 1 & 0 \\ 1 & 0 & 1 \\ 0 & 1 & 0 \end{pmatrix} \tag{3.26}$$

$$S_j^y \equiv \frac{-i}{\sqrt{2}} \begin{pmatrix} 0 & 1 & 0 \\ -1 & 0 & 1 \\ 0 & -1 & 0 \end{pmatrix} \tag{3.27}$$

$$S_j^z \equiv \begin{pmatrix} 1 & 0 & 0 \\ 0 & 0 & 0 \\ 0 & 0 & -1 \end{pmatrix} \tag{3.28}$$

このハミルトニアンの基底状態は AKLT 状態と呼ばれ，行列積状態で

$$|AKLT\rangle \equiv \sum_{k_1=1}^{3} ... \sum_{k_N=1}^{3} \langle L|A[k_N]...A[k_1]|R\rangle |k_N,...,k_1\rangle \tag{3.29}$$

$$|1\rangle \equiv -\frac{1}{\sqrt{2}}(|S_z=+1\rangle - |S_z=-1\rangle) \tag{3.30}$$

$$|2\rangle \equiv \frac{1}{\sqrt{2}}(|S_z=+1\rangle + |S_z=-1\rangle) \tag{3.31}$$

$$|3\rangle \equiv |S_z=0\rangle \tag{3.32}$$

$$A[1] = X \tag{3.33}$$

$$A[2] = XZ \tag{3.34}$$

$$A[3] = Z \tag{3.35}$$

と書くことができる。

1 次元 AKLT 状態は 1 キュービットユニバーサルなリソース状態である[9]。実際

$$|\alpha(\phi)\rangle \equiv \frac{1+e^{i\phi}}{2}|1\rangle + \frac{1-e^{i\phi}}{2}|2\rangle \tag{3.36}$$

$$|\beta(\phi)\rangle \equiv \frac{1-e^{i\phi}}{2}|1\rangle + \frac{1+e^{i\phi}}{2}|2\rangle \tag{3.37}$$

$$|\gamma\rangle \equiv |3\rangle \tag{3.38}$$

の基底で測定すると，それぞれ，$Xe^{i\phi Z/2}$, $XZe^{i\phi Z/2}$, Z が相関空間で実現される。また

$$V \equiv |3\rangle\langle 1| + |1\rangle\langle 2| + |2\rangle\langle 3|$$

として

$$\{V|\alpha(\phi)\rangle, V|\beta(\phi)\rangle, V|\gamma\rangle\} \tag{3.39}$$

の基底で測定すると，それぞれ，$XZe^{-i\phi X/2}$, $Ze^{-i\phi X/2}$, X が相関空間で実現される．すなわち，副次的演算子を除いて，Z 軸回転と X 軸回転が実現されるのである．X 軸回転と Z 軸回転を組み合わせれば任意の 1 キュービットゲートが実現できる．したがって，1 キュービットユニバーサルなリソース状態である．

1 次元 AKLT 状態を並列につなげることにより，任意個数キュービットのユニバーサル量子計算が可能となる[9]．また，2 次元 AKLT 状態や，それに関連する 2 次元，3 次元スピン状態などで，他にもユニバーサルリソースであるものが次々と発見されている[10]~[15]。

この，AKLT 状態の相関空間の $|R\rangle$ は物性物理ではエッジ状態として知られているものである．エッジ状態とは，大まかにいえば，図 3.7 のように，系の端にある自由度が局在している状態である．したがって，相関空間は単なる数学的なものではなく，物理的な概念とも関連しているのである．

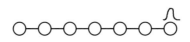

図 3.7　エッジ状態のイメージ

このように，AKLT 状態は，エッジ状態にキュービットをエンコードして量子計算を行っている，とも考えることができる．このアイデアを一般化すると，図 3.8 のようになる．つまり，系の端にエッジ状態があり，その自由度にキュービットをエンコードする．そして，バルクを測定すると，エッジ状態が変化することを利用して，エッジ状態にエンコードされたキュービットに対し量子ゲートを作用させるのである．

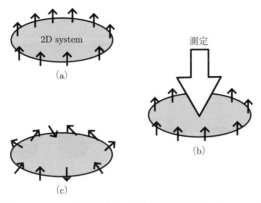

図 3.8 エッジ状態を用いた測定型量子計算のイメージ

いったんこのようなアイデアに到達すると，もはや，行列積状態やテンソルネットワークで状態が記述できないような場合でも，エッジ状態を用いた測定型量子計算というものを考えることができる．実際，Haldane 相にある基底状態でも，エッジ状態を用いてユニバーサルな測定型量子計算が可能であることが知られている[16]．

3.6 VBS 状態と PEPS

AKLT を用いた測定型量子計算を一般化すると，**VBS** (valence-bond solid) 状態[10] あるいは **PEPS** (projected entangled pair state)[2,17,18] を用いた測定型量子計算につながる[†]．まず，VBS 状態について説明する．図 **3.9** (a) のような，最大エンタングル状態が一列に並んでいる状態を考えよう（線でつながった二つの黒丸が最大エンタングル状態）．

図 (b) のように，隣接する二つのキュービットをまとめた部分系は，4 次元ヒルベルト空間内の状態である（キュービット一つが 2 次元で，キュービットが二つあるので $2 \times 2 = 4$）．この二つのキュービットに，4 次元空間から 2 次元もしくは 3 次元空間に射影する射影演算子を作用させる．すると，図 (c) の

[†] PEPS は最近量子情報から生まれた概念のように思われているが，じつは日本で古くから考えられてきている．http://quattro.phys.sci.kobe-u.ac.jp/（2016 年 11 月現在）

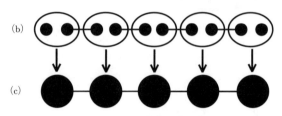

図 3.9 VBS 状態の作り方

ように,キュービットもしくはキュートリットが一列に並んだ状態を得ることができる.このように,最大エンタングル状態が一列に並んだ状態に射影演算子を作用させて作られた状態は VBS 状態と呼ばれている.例えば,1 次元グラフ状態は

$$|0\rangle\langle 00| + |1\rangle\langle 11|$$

という射影演算子を作用させて作ることができる.また,1 次元 AKLT 状態は

$$\sum_{l=0}^{2}\sum_{a=0}^{1}\sum_{b=0}^{1} A_{a,b}[l]|l\rangle\langle a|\langle b|$$

という射影演算子を作用させて作ることができる.ただし,$A[0] = X$, $A[1] = XZ$, $A[2] = Z$ である.

このように,グラフ状態を VBS で表すと,測定型量子計算を量子テレポーテーションで解釈することができる[10].いま,アリスが,$|\psi\rangle$ という 1 キュービット状態をボブに送りたいとしよう.図 3.10 (a) のように,アリスとボブは,最大エンタングル状態

$$\frac{1}{\sqrt{2}}(|0\rangle_A \otimes |0\rangle_B + |1\rangle_A \otimes |1\rangle_B)$$

を共有している(線で結ばれた二つの黒丸).ただし,$|0/1\rangle_A$ はアリスのキュービットの状態,$|0/1\rangle_B$ はボブのキュービットの状態である.アリスは,最大エンタングル状態の自分のキュービットと,状態 $|\psi\rangle$(白丸)に,ベル基底

$\{|\phi_{s,t}\rangle\}_{(s,t)\in\{0,1\}^2}$ で測定を行う．ただし，$s,t \in \{0,1\}$ であり

$|\phi_{0,0}\rangle \equiv |00\rangle + |11\rangle$

$|\phi_{0,1}\rangle \equiv |00\rangle - |11\rangle$

$|\phi_{1,0}\rangle \equiv |01\rangle + |10\rangle$

$|\phi_{1,1}\rangle \equiv |01\rangle - |10\rangle$

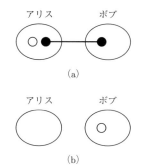

図 **3.10** 量子テレポーテーション

である．すると，図 3.10 (b) のように，測定後は，ボブの手元に 1 キュービット状態が残る．簡単に確かめられるように，測定結果に応じてボブの持っているキュービットは $X^s Z^t |\psi\rangle$ という状態である．アリスはボブに s,t の値を古典通信路を通じて伝えれば，ボブは $X^s Z^t$ を作用させることにより，$|\psi\rangle$ を復元することができる．アリスの元にあった状態 $|\psi\rangle$ は破壊されて無くなっているので，「テレポート」したように見えるため，以上のプロトコルは量子テレポーテーションと呼ばれている．

この量子テレポーテーションにおいて，もしアリスがベル基底の代わりに

$\{(U \otimes I)|\phi_{s,t}\rangle\}_{(s,t)\in\{0,1\}^2}$

基底で測定したとしたら，ボブにテレポートされる状態は $X^s Z^t U |\psi\rangle$ となることが容易に確かめられる．

VBS 上での測定型量子計算は，この量子テレポーテーションで解釈することができる．図 **3.11** (a) のように，1 次元グラフ状態の一番右端のキュービットを測定したとしよう．1 次元グラフ状態を VBS だと思うと，図 (a) 下部に示してあるように，最大エンタングル状態が隠れていると考えることができる．その最大エンタングル状態をアリスとボブが共有していると考えると，グラフ状態の 1 キュービットを測定することは，アリスが自分の二つのキュービットにベル測定を行うことに対応している．つまり，VBS で見たときに隠れている最大エンタングル状態を用いて，テレポーテーションをしているのである．グラフ

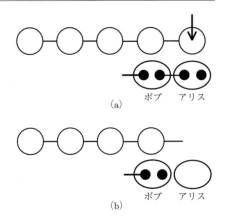

図 **3.11** VBS 上での測定型量子計算の量子
テレポーテーションによる解釈

状態の 1 キュービットの測定後（あるいはアリスのベル測定後）には，計算の情報を含んだ状態はボブの元にテレポートされている（図 (b)）。もし，グラフ状態の 1 キュービットをある角度で測定したら，ボブにはキュービットがその角度で回転してテレポートされる。このようにして，グラフ状態のキュービットを測定していくと，計算の情報が入った状態がどんどん回転しながら左にテレポートされていくのである。このようにして量子計算が行われているのである。

実際，アリスが 1 次元グラフ状態のキュービットを $\{|0\rangle \pm e^{i\theta}|1\rangle\}$ 基底で測定したとすると，それは，VBS で考えたときには，$|00\rangle \pm e^{i\theta}|11\rangle$ で測定したことに対応している。したがって，ボブにテレポートされた状態は，$X^s H e^{i\theta Z}$ というゲートを作用させられて届く。このようにして J ゲートが実現できるのである。

VBS を 2 次元に拡張したものは PEPS と呼ばれる[2]。例えば，2 次元クラスター状態は，図 **3.12** のように，最大エンタングル状態を正方格子上に並べた状態に対し

$$|0\rangle\langle 0...0| + |1\rangle\langle 1...1|$$

という射影演算子を作用させたものである。1 キュービット演算は，さきほど

3.6 VBS状態とPEPS　　57

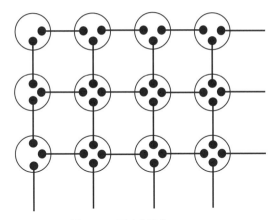

図 **3.12**　正方格子上の PEPS

述べたようにテレポーテーションで解釈することができる。2 キュービット演算についても，ゲートテレポーテーションで説明することができる。図 **3.13** に示すような系を考えよう。キュービット 1, 2, 3 を

$$|0\rangle_1 \otimes |0\rangle_2 \otimes |0\rangle_3 + |1\rangle_1 \otimes |1\rangle_2 \otimes |1\rangle_3$$

に射影し，キュービット 5,6,7 を

$$|0\rangle_5 \otimes |+\rangle_6 \otimes |0\rangle_7 + |1\rangle_5 \otimes |-\rangle_6 \otimes |1\rangle_7$$

に射影すると，キュービット 4,8 は，キュービット 1,2 の状態に CZ が作用したものになっていることが確かめられる。もし他の測定結果が出た場合でも，パウリ副次的演算子を除いて CZ ゲートが実現できることが確認できる。このよ

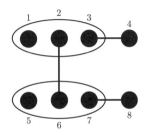

図 **3.13**　PEPS における CZ ゲートの実現方法

うにして，CZ ゲートも実現することができるので，任意個数キュービットのユニバーサル量子計算が可能となるのである．

引用・参考文献

1) D. Perez-Garcia, F. Verstraete, M. M. Wolf and J. I. Cirac: *Matrix product state representations.* Quant. Inf. Comput., **7**, 5&6, pp.401–430 (2007)
2) F. Verstraete, V. Murg, and J. I. Cirac: *Matrix product states, projected entangled pair states, and variational renormalization group methods for quantum spin systems.* Adv. Phys., **57**, 2, pp.143–224 (2008)
3) R. Jozsa: *An introduction to measurement based quantum computation.* arXiv:0508124 (2005)
4) M. A. Nielsen: *Cluster state quantum computation*, Reports on Mathematical Physics, **57**, 1, pp.147–161 (2006)
5) D. Gross, J. Eisert: *Novel schemes for measurement-based quantum computation*, Phys. Rev. Lett., **98**, 220503 (2007)
6) J. M. Cai, W. Dür, M. Van den Nest, A. Miyake and H. J. Briegel: *Quantum computation in correlation space and extremal entanglement*, Phys. Rev. Lett., **103**, 050503 (2009)
7) T. Morimae: *How to upload a physical quantum state into correlation space*, Phys. Rev. A, **83**, 042337 (2011)
8) I. Affleck, T. Kennedy, E. H. Lieb and H. Tasaki: *Valence bond ground states in isotropic quantum antiferromagnets*, Comm. Math. Phys., **115**, 3, pp.477–528 (1988)
9) G. K. Brennen, A. Miyake: *Measurement-based quantum computer in the gapped ground state of a two-body Hamiltonian*, Phys. Rev. Lett., **101**, 010502 (2008)
10) F. Verstraete, J. I. Cirac: *Valence bond states for quantum computation*, Phys. Rev. A, **70**, 060302(R) (2004)
11) A. Miyake: *Quantum computational capability of a 2D valence bond solid phase*, Ann. Phys., **326**, 7, pp.1656–1671 (2011)
12) J. M. Cai, A. Miyake, W. Dür and H. J. Briegel: *Universal quantum computer from a quantum magnet*, Phys. Rev. A, **82**, 052309 (2010)

13) T. C. Wei, I. Affleck and R. Raussendorf: *Affleck-Kennedy-Lieb-Tasaki state on a Honeycomb lattice is a universal quantum computational resource*, Phys. Rev. Lett., **106**, 070501 (2011)
14) Y. Li, D. E. Browne, L. C. Kwek, R. Raussendorf and T. C. Wei: *Thermal states as universal resources for quantum computation with always-on interactions*, Phys. Rev. Lett., **107**, 060501 (2011)
15) K. Fujii, T. Morimae: *Topologically protected measurement-based quantum computation on the thermal state of a nearest-neighbor two-body Hamiltonian with spin-3/2 particles*, Phys. Rev. A, **85**, 010304(R) (2012)
16) A. Miyake: *Quantum computation on the edge of a symmetry-protected topological order*, Phys. Rev. Lett., **105**, 040501 (2010)
17) T. Nishino, Y. Hieida, K. Okunishi, N. Maeshima, Y. Akutsu and A. Gendiar: *Two-dimensional tensor product variational formulation*, Prog. Theor. Phys., **105**, 3, pp.409–417 (2001)
18) N. Maeshima, Y. Hieida, Y. Akutsu, T. Nishino and K. Okunishi: *Vertical density matrix algorithm: a higher-dimensional numerical renormalization scheme based on the tensor product state ansatz*, Phys. Rev. E, **64**, 016705 (2001)

4 測定型トポロジカル量子計算

4.1 誤り耐性量子計算

　量子重ね合わせ状態は，それを取り囲む環境系との相互作用によって生じるデコヒーレンス（量子コヒーレンスの消失）に弱い。このため，現在のところ量子演算素子のエラー確率は古典の演算素子に比べ非常に大きく，量子計算をエラーから保護する特別な手段を講じなければ量子計算機はうまく機能しない。量子計算機を構成するすべての要素においてエラーが生じうるという前提のもと，エラーを許容して堅牢な量子計算を実行する方法が誤り耐性量子計算である。本章では，その物理的実現性の高さから近年盛んに研究されている表面符号を用いた誤り耐性量子計算を導入する。回路モデルを用いた表面符号によるトポロジカル誤り耐性量子計算は2次元表面上の最近接2量子ビットと単一量子ビットの量子演算から構成される。対応する測定型量子計算は，特殊な3次元クラスター状態をリソース状態として用いた測定型トポロジカル誤り耐性量子計算として非常に簡潔に記述される。その点において，実際には回路モデルで実装する場合においても測定型量子計算として記述することによって議論が簡潔になる場合がある。また，3章で述べたように，ある多体ハミルトニアンの基底状態をリソースとして測定型量子計算を実行する場合もあるだろう。実際に実験的に実現される系は有限温度であるので，厳密には理想的なリソース状態ではない。このような場合においても誤り耐性量子計算の理論を利用することによって，有限温度の熱平衡状態が持つ量子計算能力を評価することがで

きる。

　本章では，最初にスタビライザー形式によって記述される量子誤り訂正符号，スタビライザー符号の基礎について触れ，その後，1次元反復符号を例にスタビライザー符号の定式化を紹介する。この定式化に基づいて，2次元量子表面符号を導入し，表面符号上でのトポロジカル誤り訂正について述べる。表面符号を含むトポロジカル符号は，トポロジカル秩序を持つ量子相の模型としても盛んに研究されている。少々脱線にはなるが，トポロジカル符号とトポロジカル秩序の対応についても少し紹介する。そして，表面符号上に作り出した欠陥をあたかも擬似粒子のように扱い，トポロジー的に保護された量子演算を実行する方法についても説明する。最後に，回路モデルで説明されてきたトポロジカル誤り耐性量子計算を測定型量子計算へと翻訳し，測定型トポロジカル誤り耐性量子計算の全体像を記述する。

4.2　スタビライザー符号

　量子誤り訂正[1]では，量子状態を雑音から保護するために量子情報を大きな次元のヒルベルト空間（多量子ビットからなる空間）の部分空間に埋め込む。このため，効率よく部分空間を記述することが必要となるが，そのための一つの方法である**スタビライザー形式**[2]について説明し，それによって定義される**スタビライザー符号**を導入する。n 量子ビットからなる 2^n 次元ヒルベルト空間を考えよう。n 量子ビットのパウリ演算子のテンソル積から構成される n 量子ビットパウリ群 $\{\pm 1, \pm i\} \times \{I, X, Y, Z\}^{\otimes n}$ の可換部分群でかつ要素に $-Id$ を含まないものを**スタビライザー群** $\mathcal{S}$ と定義する（このような性質を満たすスタビライザー群は無数に存在することに注意）。ここで，Id は n 量子ビット空間上の恒等演算子 $I^{\otimes n}$ とした。i 番目の量子ビットに作用する演算子を $A_i \equiv I \otimes I \otimes \cdots \otimes A \otimes I \otimes \cdots \otimes I$ として，例えば $\mathcal{S}_2 = \{Id, X_1 X_2, Z_1 Z_2, -Y_1 Y_2\}$ は可換群でありまた $-Id$ を含まないため，一つのスタビライザー群である。このようなスタビライザー群を定義するためには，スタビライザー群の独立な要素からなる最大の集合である

生成元を定義すればよい。ここで，独立であるとは，ある集合に含まれる要素がその集合に含まれる他の要素の積で表すことができないことを意味する。例えば，前述の例の場合は，$\{X_1X_2, Z_1Z_2\}$ を生成元として選ぶことができ，この要素の任意の積からスタビライザー群 $\mathcal{S}_2$ を生成することができる。このとき $\mathcal{S}_2 = \langle \{X_1X_2, Z_1Z_2\} \rangle$ と書くことにする。スタビライザー形式では，状態をあらわに定義するかわりに，スタビライザー群の（要素の），状態に対する作用において安定となる状態，すなわち，固有値 +1 の固有状態として状態を定義する。例えば，前述のスタビライザー群 $\mathcal{S}_2$ に対するスタビライザー状態は最大エンタングル状態 $(|00\rangle + |11\rangle)/\sqrt{2}$ である。これは

$$\frac{Z_1Z_2(|0\rangle_1|0\rangle_2 + |1\rangle_1|1\rangle_2)}{\sqrt{2}} = \frac{|0\rangle_1|0\rangle_2 + |1\rangle_1|1\rangle_2}{\sqrt{2}} \tag{4.1}$$

$$\frac{X_1X_2(|0\rangle_1|0\rangle_2 + |1\rangle_1|1\rangle_2)}{\sqrt{2}} = \frac{|0\rangle_1|0\rangle_2 + |1\rangle_1|1\rangle_2}{\sqrt{2}} \tag{4.2}$$

であることから確認される。

一つの生成元に対して，固有値 +1 と −1 の固有空間の 2 通りに分割されるので，$m \equiv n - k$ 個の生成元は 2^n 次元のヒルベルト空間を 2^m 個に分割し，2^k 次元の部分空間内の状態がすべてスタビライザー状態となる。このような部分空間をスタビライザー部分空間と呼ぶことにしよう。スタビライザー符号とは，このようなスタビライザー部分空間に情報を埋め込む量子誤り訂正符号のことである[2]。

一般的な定義の前に，具体的にスタビライザー演算子が $\langle Z_1Z_2, Z_2Z_3 \rangle$ で与えられるようなスタビライザー部分空間を考えて，スタビライザー符号を構成してみよう。量子ビットの数 3 に対して生成元の数は 2 であるので，2 次元の部分空間が定義される。この部分空間を張る基底を**符号状態**（code state）として**論理量子ビット**（logical qubit）を構成する。基底としてはスタビライザー演算子と独立でかつスタビライザー演算子と可換な演算子 Z_1 を一つ選び，この演算子の ±1 の固有状態

$$|\bar{0}\rangle \equiv |000\rangle, |\bar{1}\rangle \equiv |111\rangle \tag{4.3}$$

を**論理基底**（logical basis）を定義する。同様に $X_1X_2X_3$ と選び，基底を特定

4.2 スタビライザー符号

することもできる。このような，スタビライザー群と可換でありかつスタビライザー群と独立な演算子の作用において，スタビライザー部分空間は不変である。一方，スタビライザー演算子とは異なり，部分空間内部では $X_1X_2X_3|\bar{0}\rangle = |\bar{1}\rangle$ のように非自明に作用する。このような演算子を符号化された論理量子ビットに作用する演算子という意味で，**論理演算子**（logical operator）と呼ぶ。Z_1 と $X_1X_2X_3$ は互いに反可換であり，符号状態 $\alpha|\bar{0}\rangle + \beta|\bar{1}\rangle$ に対するパウリ演算子として振る舞うことがわかる。

一つ目の量子ビットにビット反転エラー X_1 が発生したとしよう。符号状態 $\alpha|\bar{0}\rangle + \beta|\bar{1}\rangle$ は基底 $\{X_1|\bar{0}\rangle = |100\rangle, X_1|\bar{1}\rangle = |011\rangle\}$ によって張られる直交空間へと移される。スタビライザー演算子 Z_1Z_2 とビット反転演算子 X_1 は反交換するので，固有値は $+1$ から -1 へと反転する。つまり，スタビライザー演算子の固有値の反転からエラーの発生（正しい部分空間にいるかどうか）に関する情報が得られる。このため，エラー発生後のスタビライザー演算子の固有値のことをシンドローム値と呼び，シンドローム値の集合をシンドロームと呼ぶことにする。いま考えている 3 量子ビットからなるスタビライザー符号のエラーの種類とシンドロームの対応は**表 4.1** のようになる。ビット反転エラーが一つの量子ビットにしか発生しない場合は対応表からエラーを識別し，エラーを訂正することができる。しかし，X_2X_3 のように二つの量子ビットに同時にエラーが発生してしまった場合は X_1 と区別することができず，異なる符号状態になる論理エラーとなる。この符号は，ビット反転に対する誤り訂正が可能なので，3 量子ビット・ビット反転符号（3-qubit bit-flip code）と呼ぶ。

一般に，$m = n - k$ 個のスタビライザー生成元 $\langle S_1,...S_m \rangle$ から構成されるスタビライザー符号に対して，スタビライザー演算子と独立でかつ可換な k 個

表 4.1 スタビライザー符号 $\langle Z_1Z_2, Z_2Z_3 \rangle$ に対する
ビット反転エラーとシンドローム

$Z_1Z_2 \setminus Z_2Z_3$	$+1$	-1
$+1$	$I, X_1X_2X_3$	X_3, X_1X_2
-1	X_1, X_2X_3	X_2, X_1X_3

の互いに独立な論理演算子 $\bar{Z}_k$ を選び，その固有状態として k 個の論理量子ビットを定義することができる．シンドロームはスタビライザー生成元 $\{S_i\}$ の固有値の集合 $\{s_i\}$ によって与えられる．また，それぞれの演算子と反交換する演算子 $\bar{X}_i$ $(i=1,...,k)$，つまり，すべての $i,j \in 1,...,k$ に対して

$$\bar{X}_i \bar{Z}_j = (-1)^{\delta_{ij}} \bar{Z}_i \bar{X}_j, \quad \bar{X}_i \bar{X}_j = \bar{X}_j \bar{X}_i \tag{4.4}$$

を満たす演算子 $\bar{X}_i$ がつねに存在する．$\{\bar{X}_i, \bar{Z}_i\}$ は符号化された自由度における i 番目の論理量子ビットに作用するパウリ演算子とみなす．

このようにして定義されたスタビライザー符号のエラーに対する耐性を測る指標として**符号距離**（code distance）がある．符号距離は，論理演算子に含まれるパウリ演算子の数を，すべての論理演算子に対して最小化したときの最小値 d として定義される．つまり，演算子 A に含まれる（I 以外の）パウリ演算子の数を $\mathrm{wt}(A)$ として，$\mathcal{L}$ を論理演算子が構成する群とすると，$d \equiv \min_{L \in \mathcal{L}} \mathrm{wt}(L)$ ということになる．例えば，前述の 3 量子ビット符号の場合は符号距離は $d=1$ である．これは，一つのパウリ Z エラーが作用してもスタビライザー空間内にとどまり，そのエラーの検出および訂正ができないことを意味する．以下のようにうまくスタビライザー群の生成元を選ぶことによって $d=3$ の 5 量子ビット・スタビライザー符号を構成することが可能である[3),4)]．

$$S_1 = X \otimes Z \otimes Z \otimes X \otimes I \tag{4.5}$$

$$S_2 = I \otimes X \otimes Z \otimes Z \otimes X \tag{4.6}$$

$$S_3 = X \otimes I \otimes X \otimes Z \otimes Z \tag{4.7}$$

$$S_4 = Z \otimes X \otimes I \otimes X \otimes Z \tag{4.8}$$

例えば，$X^{\otimes 5}$ や $Z^{\otimes 5}$ が論理演算子なるが，論理演算子に対してスタビライザー演算子の積をとっても論理演算子になることから，すべての論理演算子に対して調べると $d=3$ であることが確認できる．

符号距離 d は，符号空間内の一つの符号状態から始めてパウリ演算子を一つひとつ作用させていき，d 個作用させたときに初めて異なる符号状態になるという

意味で，符号空間内の異なる2状態間の距離を表している．つまり，ある符号状態に対して $(d-1)/2$ 以下のパウリ演算子がエラーとして発生（パウリエラー）した場合，その状態から最も近い符号状態は一意的にもとの符号状態になる．したがって，エラーが発生してしまい，あるシンドローム $\{s_i\}$ によって定義される直交空間に符号状態が移ってしまったとき，その空間からもとの符号空間に戻すことができる最小パウリ演算子で回復させることによって，$\lfloor (d-1)/2 \rfloor$ 個までのパウリエラーを訂正することができる．このような復号方法を**最小距離復号**という．前述の5量子ビット・スタビライザー符号は $d=3$ なので一つの量子ビットに対するパウリエラーを訂正することができる．つまり，ビット反転エラー（X）に加え，位相反転エラー（Z），ビット・位相反転エラー（Y）のすべてを訂正することができる．

5量子ビットの空間は32次元であり，四つの生成元によって16通りのシンドロームに対応した部分空間に分割される．一方，1量子ビットのパウリエラーのパターンの総数は各量子ビットに対して3種類あるので $3 \times 5 = 15$ 個あり，エラーがまったく発生していない一つを加え合計16通りのエラーパターンがある．16個の直交する部分空間と16通りのエラーパターン（エラー無しを含む）がそれぞれ1対1対応していることに注意したい．このような性質を満たしうる最小の符号が上記の5量子ビット・スタビライザー符号である．

4.3 量子ノイズ

前節ではパウリ演算子がエラーとして作用するパウリエラーのみを考えていたが，より一般的なノイズに対する誤り訂正ついて考えよう．量子系のノイズは一般的に，CPTP (completely positive and trace preserving) 写像によって与えられる．CPTP 写像 $\mathcal{E}$ はクラウス (Kraus) 演算子 E_k を用いて

$$\mathcal{E}\rho = \sum_k E_k \rho E_k^\dagger \tag{4.9}$$

と書くことができる。ただし，$\sum_k E_k^\dagger E_k = I$ を満たすとした。すでに述べたように，スタビライザー演算子を適切に選んでおけば，ビット反転が生じる X エラー，位相反転が生じる Z エラー，もしくはその両方である Y エラーが作用した状態は，スタビライザー空間と直交する部分空間へと移され，$t = \lfloor (d-1)/2 \rfloor$ 個以下のエラーであれば訂正ができるのであった。それでは，一般的な CPTP 写像で与えられるような量子ノイズであった場合はどうなるだろうか。じつは，1 量子ビットの CPTP 写像のクラウス演算子 E_k は，パウリ演算子を基底として以下のように展開することができる。

$$E_k = \eta_k^I I + \eta_k^X X + \eta_k^Y Y + \eta_k^Z Z \tag{4.10}$$

この事実と X, Y, Z のすべての種類のエラーを訂正できることから一般的な量子ノイズであっても訂正可能であることが以下のように示される。$\mathcal{R}$ をパウリエラーに対して回復操作を行う超演算子としてそのクラウス演算子を R_j とすると，スタビライザー符号状態 $|\Psi\rangle$ に対してパウリエラー $A = X, Y, Z$ がうまく訂正されもとの状態に戻るので，以下の式が満たされていることになる。

$$R_j A |\Psi\rangle \propto |\Psi\rangle \tag{4.11}$$

式 (4.10) の分解において，この条件を適用することにより $R_j E_k |\Psi\rangle \propto |\Psi\rangle$ を得るので

$$\mathcal{R} \circ \mathcal{E}(|\Psi\rangle\langle\Psi|) = |\Psi\rangle\langle\Psi| \tag{4.12}$$

となる（ここで $\mathcal{R}$ と $\mathcal{E}$ はともにトレースを保存することを使った）。よって，符号距離 d のスタビライザー符号はクラウス演算子が非自明に作用する量子ビットの数がたかだか d 個であるような任意の量子ノイズを訂正することができることになる。

量子状態は古典ビットと異なり，連続的な自由度（波動関数）を持つ。したがって，量子状態に対する量子ノイズは連続的な自由度を微妙に変化させるアナログ的なノイズが生じると考えられ，本来の状態とエラーが生じた状態を区

別し訂正を行うことは，古典ディジタル情報と異なり難しいのではないかと考えられていた。しかし，重ね合わせの原理を逆に利用することによって，エラーをパウリエラーとして離散化し訂正することが可能であることは興味深い。ある種アナログ的な情報を持つ量子状態に対するアナログエラーは量子誤り訂正によって完全に訂正できることになる。この意味で，量子誤り訂正によって保護された量子計算はディジタル量子計算であるということができる。

　以降の議論では，シンドロームの測定や量子計算に必要なすべての操作においてノイズが発生しうると考えて議論を進め，このような不完全な素子から構成された量子計算機から信頼に足る結果を得るための方法を構築する。このような設計思想で構成された量子計算を**誤り耐性量子計算**（フォールトトレラント量子計算，fault-tolerant quantum computation）と呼ぶ。誤り耐性量子計算において，一般的な量子ノイズを考慮することは非常に複雑であり，またここでは導入していない数学的道具を必要とするので，本書では，効率よくエラーの振る舞いが理解できる確率的なパウリエラーのみを考えることにする。基本的には，さきに述べた議論から確率的パウリエラーに対してうまく機能する誤り耐性量子計算は，局所性を満たしマルコフ的な一般の量子ノイズに対しても十分エラー強度が小さければうまく機能するが，量子計算の出力結果の成功確率を計算する際には注意が必要である。一般的な量子ノイズの取り扱いに関する詳しい議論は文献5),6) を参照されたい。

4.4　1次元反復符号

　表面符号を導入する準備として位相反転エラーのみを訂正できる1次元反復符号をスタビライザー形式を用いて定義する。図**4.1**に与えられるような1次元グラフ $G=(V,E)$†を考える。量子ビットは各辺 $i \in E$ 上に定義される。スタビライザー生成元は各頂点 $v \in V$ に対して

---

　†　グラフ状態を定義するグラフとは異なる定義なので注意。

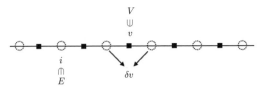

(a) 辺 i 上に量子ビットを配置し，頂点 v に隣接する辺上にスタビライザー演算子 $X_i X_{i+1}$ が定義される。

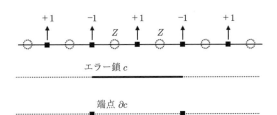

(b) Z エラーは，辺の集合であるエラー鎖 c によって指定され，エラーシンドロームは，エラー鎖の端点の集合 ∂c に対応する。

図 **4.1** 1 次元反復符号

$$B_v = \prod_{i \in \delta v} X_i \tag{4.13}$$

で与える。ここで，$\delta v \subset E$ は頂点 v に接続する辺の集合を意味する。論理演算子は $\bar{Z} \equiv \prod_{i \in E} Z_i$ と $\bar{X} \equiv X_i$ として与えられ，1 量子ビットを符号化することができる。任意の 1 体のパウリ演算子 X_i が論理演算子として符号状態に作用してしまうため，ビット反転エラーは訂正することができない。

i 番目の量子ビットに位相反転エラー Z_i が生じると，その両端のスタビライザー演算子の固有値が反転する。一般に n ビットのビット列 $c = (c_1, ..., c_2)$ を用いてエラー演算子 $Z(c) \equiv \prod_i Z_i^{c_i}$ を定義する（つまり，$c_i = 1$ の場合，量子ビット i に位相反転が生じている）。c は辺の集合（鎖）とも見ることができるので，**エラー鎖**（error chain）と呼ぶことにする。エラー鎖から端点となる頂点の集合を抜き出す操作を ∂ で書くことにし，端点集合 $\partial c \subset V$ を定義すると，パウリエラー $Z(c)$ は端点 $v \in \partial c$ 上のスタビライザー演算子 B_v の固有値を反

転させる。

　誤り訂正は，同じシンドロームになる演算子，つまり $\partial c = \partial r$ となるような回復演算子 $Z(r)$ を見つけることである。1 次元反復符号の場合は，幾何学的な制約から，回復演算子としては $Z(c)$ と $Z(c)\bar{Z}$ の 2 種類しかない（シンドローム測定にエラーがある場合は，4.7 節で述べるような高度な復号が必要となる）。したがって，$|c| \equiv \sum_{i}^{n} c_i < (n-1)/2$ であれば $Z(c)$ を $|c| \equiv \sum_{i}^{n} c_i \geq n/2$ であれば $Z(c)\bar{Z}$ を回復演算子として選ぶことになる。

4.5　表面符号の定義

　前節で導入した 1 次元反復符号では位相反転エラーしか訂正できない。ビット反転と位相反転の両方を訂正するためには，パウリ X 演算子からなるスタビライザー以外に，パウリ Z 演算子からなるスタビライザー演算子を構成しなければならない。また，スタビライザー群を適切に生成するためには，これら X 型と Z 型の演算子は交換しなければならない。演算子が作用する量子ビットを局所的（量子ビットが配置されている空間上の近くに存在する有限個のパウリ演算子のテンソル積）に制限した場合，1 次元ではこのような条件を満たすスタビライザー演算子を構成できない。キタエフ (A. Kitaev) は 2 次元平面上の局所的なスタビライザー生成元で定義し，ビット反転と位相反転の両方のエラーを訂正できる量子誤り訂正符号，**表面符号**（surface code）を提案した[7),8)]。

　図 **4.2** にあるような $n \times n$ の正方格子 $G = (F, V, E)$ を考える。F, V, E はそれぞれ面，頂点，辺の集合であり，各辺上に量子ビットが配置されているとする。境界条件はとりあえず周期的なものを採用する。すなわち，$n \times n$ トーラス上の表面符号を考える。表面符号のスタビライザー演算子は各頂点 $v \in V$ と各面 $f \in F$ に対して

$$A_f = \prod_{i \in \partial f} Z_i, \quad B_v = \prod_{j \in \delta v} X_j$$

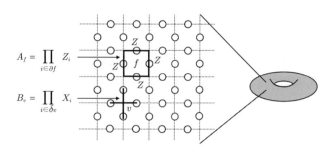

図 4.2 表面符号

として与えられる．ここで ∂f は面 f を取り囲む四つの辺の集合であり，δv は頂点 v に接続する四つの辺の集合である．面を取り囲む四つの辺上の Z のテンソル積を用いて，それぞれ A_f と B_v を定義し，すべての面 $f \in F$ と頂点 $v \in V$ に対して，A_f と B_v の $+1$ の固有状態

$$A_f |\Psi\rangle = |\Psi\rangle, \quad B_v |\Psi\rangle = |\Psi\rangle$$

として表面符号状態 $|\Psi\rangle$ が定義される．δv と ∂f は，つねに偶数個の辺（0 もしくは 2）を共有するために A_f と B_v はつねに可換である．A_f と B_v をそれぞれ面演算子，頂点演算子と呼ぶことにする．1 次元反復符号の自然な拡張となっていることは，図 4.3(a) にあるように，トーラス上に配置されたエラー鎖 $Z(c)$ の端点 δc に対応する頂点演算子の固有値が反転することから確認できる．1 次元反復符号と異なり，ビット反転エラーに対しても図 4.3(b) にあるように，双対格子（面と頂点を入れ替えることによって定義される格子）上のエラー鎖 $X(\tilde{c})$ の端点 $\delta \tilde{c}$ に対応する面演算子の固有値が反転する．

 $n \times n$ のトーラス上の辺の数 $|E|$ は $|E| = 2n^2$ である．一方，スタビライザー演算子の数は面と頂点の数の合計 $|V| + |F| = 2n^2$ である．しかし，すべての面演算子を掛け合わせると恒等演算子になるため，独立ではない演算子が一つ存在することになる．頂点演算子にも同様のことがいえるため，スタビライザー生成元の数は $|V| + |F| - 2 = 2n^2 - 2$ となる．したがって，トーラス上の表面符号は 2 量子ビット分の自由度を符号化していることになり，2 組の論理パ

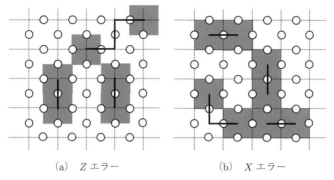

(a) Z エラー　　　(b) X エラー

図 **4.3**　エラーの配置とシンドローム

ウリ演算子が存在するはずである。まず，Z 型の論理演算子から探そう。$Z(c)$ がスタビライザー演算子と交換するためには，端点 ∂c は空集合にならなければならない。c がトーラス上の任意のループであればこの条件を満たす。しかし，トポロジー的に自明なループ[†1]に対応する演算子はそのループ内に含まれる演算子の積として書き表すことができるため，論理演算子にはなれない。つまり，トーラス上のある面 D に対してその境界上の辺からなる鎖を ∂D と書くことにして，$Z(\partial D) = \prod_{f \in D} A_f$ となる。一方，トポロジー的に非自明[†2]なループに対応する演算子はスタビライザー演算子の積では表すことができない。このため論理演算子としては，非自明なループに対応する演算子を選んでくればよい。トーラスでは，このようなループを図 **4.4** のように二つ（鎖を用いて l_1, l_2 と定義する）選んでくることができる。このようにして，二つの論理演算子

$$\bar{Z}_1 = Z(l_1), \quad \bar{Z}_2 = Z(l_2) \tag{4.14}$$

を定義することができる。l_1 と l_2 はトポロジー的に等価であればスタビライザー演算子との積を通して移り合えるため，符号状態への作用も同じであ

[†1] トーラス上で定義された連続変換を用いて取り除くことができるループ。
[†2] 連続変換を用いて取り除くことができないループ。トーラスを一周回るようなループがそれにあたる。

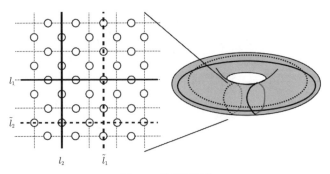

図 4.4 論理演算子

る†。$\bar{Z}_i$ と反交換する論理演算子 $\bar{X}_i = X(\tilde{l}_i)$ も図 4.4 のように選ぶことができ，$\{\bar{Z}_{1,2}, \bar{X}_{1,2}\}$ は 2 量子ビット分の論理パウリ演算子の対になっている。

表面符号はトーラスではない一般の表面にも適用することができる。一般に種数 g を用いて一般の表面の面，頂点，辺の数の間には

$$|F| + |V| - |E| = 2 - 2g \tag{4.15}$$

という関係が成立することが知られている。量子ビットの数は辺の数 $|E|$ で与えられ，スタビライザー生成元の数は面演算子と頂点演算子の数から独立ではない二つ分を引くことによって $|F| + |V| - 2$ で与えられる。したがって一般表面上の表面符号には，$|E| - (|F| + |V| - 2) = 2g$ 個の量子ビット分の自由度が符号化されていることがわかる。このように，表面符号では，表面の局所的な性質にはよらず，大域的なトポロジーによって符号化された自由度が決まるため**トポロジカル符号**とも呼ばれる。

---

† 鎖複体やホモロジー群に詳しい読者：スタビライザー演算子が境界作用素 ∂ の像になっており，スタビライザー状態に対する演算子の作用を考えることは，スタビライザー状態の定義からこの像に対して同値類をとることに対応する。一方，ある演算子がスタビライザー演算子と可換になるためには，境界が空集合，すなわち境界作用素の核（カーネル）になることが要求される。したがって，スタビライザー演算子と可換でかつ非自明に作用する演算子である論理演算子（の群）の定義は表面符号においてはホモロジー群の定義とまったく同値である。論理演算子の作用はホモロジー類に対応する。

4.6 トポロジカル符号とトポロジカル秩序

ここでは，少し脱線してトポロジカル符号と物性物理学分野で研究されているトポロジカル秩序の対応について述べる。特に興味がない読者は，本節を飛ばして読み進めてもらいたい。

トポロジカル秩序とは，分数量子ホール効果などに代表されるような，ランダウ−ギンツブルグ (Landau-Ginzburg) 理論による対称性の破れによる秩序形成では説明することができない量子相である[8),9]。トポロジカル秩序を有する量子相では，基底状態が縮退しているが，局所的にはその縮退した状態を識別することができず，任意の局所的な摂動に対して基底状態の縮退が保護されているという構造がある。この性質は，任意の局所的なエラーに対して論理量子ビットが保護されているという量子誤り訂正符号の性質に非常に似ている。

例えば，1次元イジング模型のハミルトニアン

$$H = -J \sum_{i=1}^{N-1} X_i X_{i+1} \tag{4.16}$$

を考えてみよう。ここで，J はイジング相互作用の強度である。ハミルトニアンは，すべてのスピン X_i（のちの便利のためにスピンをパウリ演算子 X を用いて表現した）の反転 $\prod_{i=1}^{N} Z_i$ に対してハミルトニアンが対称であるので，基底状態は二重の縮退を持つ。$|+\rangle^{\otimes N}$ と $|-\rangle^{\otimes N}$ の任意の線形結合が基底状態として許されている。しかしながら，この基底状態は摂動に対して非常に弱い。例えば x 軸方向に微小な磁場

$$H_{\mathrm{MF}} = \varepsilon/2 \sum_{i=1}^{N} X_i \tag{4.17}$$

がかかった場合，基底状態のエネルギーは $|+\rangle^{\otimes N}$ と $|-\rangle^{\otimes N}$ の間で εN だけシフトする。N が十分大きな状況では，微小な摂動 ε に対しても基底状態の縮退は解けてしまう。

ここで,4.4 節で紹介した 1 次元反復符号を思い出してもらいたい。1 次元イジング模型のハミルトニアンはスタビライザー演算子の和

$$H = -J \sum_v B_v \tag{4.18}$$

で与えられており,対称性を表す演算子は論理演算子 $\bar{Z}$ である。スタビライザー演算子 $\{B_v\}$ に対するスタビライザー状態が最も低いエネルギー $-J(N-1)$ を有する。したがって,基底状態の縮退は 1 次元反復符号状態に対応する。この反復符号は位相反転エラーしか訂正できなかった。これは,単一のビット反転演算子 X_i が論理演算子となっているためであった。このことは,局所的な摂動 H_{MF} が摂動の 1 次で基底状態のエネルギーのシフトに寄与し,基底状態の縮退が解けることに対応する。

同様に,$n \times n$ トーラス上の表面符号のスタビライザーを用いてハミルトニアン

$$H = -J \sum_f A_f - J \sum_v B_v \tag{4.19}$$

を定義してみよう。J は 4 体相互作用の強度である。基底状態は表面符号状態に対応し四重の縮退を持つ。ハミルトニアンと交換し基底状態に作用する演算子は,論理演算子である。論理演算子は少なくとも n 個のパウリ演算子の積で与えられている(符号距離が n)ため,局所的な,つまり有限の k 体演算子に対する十分小さい摂動に対して基底状態の縮退は解けず安定的であるといえる。特に $k=1$(磁場に対応する)の場合,n 次のオーダーの摂動の寄与が初めて縮退した基底状態のエネルギーのシフトに寄与する。このため,摂動の強度が十分小さければ,システムサイズが大きい極限で,基底状態の縮退は非常に安定であるといえる。これは,トポロジカル秩序を持つシステムの性質そのものであり,キタエフはトポロジカル秩序を持つシステムを単純化した模型として**表面符号**(トーリック符号,toric code)を導入した[8]。ハミルトニアンは 4 体相互作用から構成されているので自然なハミルトニアンではないように思われるかもしれないが,このようなハミルトニアンが自然な 2 体相互作用ハミルト

4.6 トポロジカル符号とトポロジカル秩序

ニアン（キタエフハニカム模型）の低エネルギー有効模型となっていることが知られている[10]。

一般に，スタビライザー演算子 $\{S_i\}$ を用いてスタビライザーハミルトニアンを $H = -J\sum_i S_i$ と定義でき，基底状態はスタビライザー状態となる。符号距離 d のスタビライザー符号のスタビライザー演算子から構成されるスタビライザーハミルトニアンの基底状態の縮退は k 体の演算子から構成される摂動に対して $\tilde{m} = \lfloor d/k \rfloor$ 次のオーダーまでは保護されている。物理的に興味がある模型の相互作用は局所性と並進対称性を兼ね備えておくべきであろう。これに対応して，スタビライザー生成元を空間的に局所的で並進対称性を持つパウリ積に制限した符号が**トポロジカル量子誤り訂正符号**と呼ばれている。

また，前述の 1 次元イジング模型においても，もし x 軸方向の磁場がなんらかの制約や対称性で禁止されていれば，基底状態の縮退は保護されるであろう（symmetry protected topological order, STP）。実際，ジョルダン–ウィグナー (Jordan-Wigner) 変換をしてスピン描像をフェルミオン描像へと変換すると，このような磁場項はフェルミオンの奇数体相互作用に対応するため，フェルミオンの粒子数の偶奇（スピン描像では $\overline{Z}$）が保存される系では自然に禁止される[11]。トポロジカル符号とトポロジカル秩序との対応を**表 4.2** にまとめる。

トポロジカル符号としては，表面符号以外にも，トポロジカルカラー符号

表 4.2 スタビライザー符号とスタビライザーハミルトニアン模型の対応

スタビライザー符号	スタビライザーハミルトニアン模型
スタビライザー演算子（生成元）が局所的・並進対称的	ハミルトニアンが局所的・並進対称的
トポロジカル符号	トポロジカル秩序
符号空間	縮退した基底状態
エラーが発生した状態	エニオン的熱励起状態
符号距離 $d = O(n)$	局所的な摂動に対して $O(n)$ 次まで縮退が解けない。
表面符号	キタエフトーラス符号模型
古典符号はビット反転もしくは位相反転のどちらかしか訂正できない。	トポロジカル秩序がない特定の摂動が禁止されている場合は保護される（SPT）。

(topological color code)[12]，3D キュービック符号 (3D cubic code)[13]，フラクタル符号 (fractal code)[14] などが発見されている．トポロジカル符号から構成した多体量子系は厳密に解くことができ，多くの物性的知見を得ることができる．例えば，2 次元上のトポロジカル符号はすべて局所ユニタリー演算を用いて（複数の）表面符号に変形することができる[15),16)]．これは，2 次元の局所スタビライザーハミルトニアンから構成されるトポロジカル秩序相はすべて異なる枚数の表面符号によって分類された量子相に属することを意味する．また，トポロジカル秩序は基底状態，すなわちゼロ温度状態に対して定義された性質であるが，この性質が有限温度においても有効であるかどうかは物理学における非常に重要な未解決問題である．キタエフによる 4 次元トーラス符号は熱的安定性を持つため[17]，有限温度においても縮退や長距離エンタングルメントが存在する．しかし，3 次元以下の（縮重度がサイズに依存しない，スケール不変性を満たす）トポロジカル符号では，熱的安定性を持つトポロジカル秩序が存在しないことが示されている[18),19)]．したがって，安定的に量子状態を保存し続けるためには，次節で述べるような測定とフィードバックによる量子誤り訂正によってシステムを非平衡状態へと駆動する必要がある．

4.7 トポロジカル誤り訂正

トーラス上の表面符号の論理演算子はトーラスに巻き付く 2 種類のループ上の演算子によって与えられる．これは，$n \times n$ トーラス上の表面符号の符号距離が $d = n$ であることを意味する．したがって，$\lfloor (n-1)/2 \rfloor$ 個以下のエラーであれば訂正することができる．しかしながら，与えられたシンドロームから最小距離復号を構成することは自明ではない．以下では，簡単のためのビット反転と位相反転が独立に確率 p で発生するようなノイズモデル

$$\mathcal{E}\rho = (1-p)^2 \rho + p(1-p) X \rho X + p(1-p) Z \rho Z + (1-p)^2 Y \rho Y$$

(4.20)

を採用する。この場合,表面符号は X 型と Z 型の独立したスタビライザー演算子から構成される（このような符号は Calderbank-Shor-Steane (CSS) 符号と呼ばれ,古典線形符号を用いて体系的に定式化することができる[20]）ため,ビット反転と位相反転のそれぞれに対するエラー訂正を独立に行えばよいことになる。以下では,ビット反転エラー（X エラー）に対する誤り訂正のみを考える。図 4.5 (a) のようにエラー鎖 $\tilde{c}$ 上（実線）にビット反転エラー $X(\tilde{c})$ が発生しているとする。このようなエラーが発生する確率 $p(\tilde{c})$ は

$$p(\tilde{c}) = (1-p)^{|E|} \prod_{i \in E} \left(\frac{p}{1-p}\right)^{\tilde{c}_i} \tag{4.21}$$

となる。シンドロームとしては,エラー鎖の端点 $\partial \tilde{c}$ に対応する面演算子 A_f の固有値が -1 に反転したものが得られる。エラー訂正問題は,このシンドローム情報 $\partial \tilde{c}$ から回復演算子 $X(\tilde{r})$ を選ぶことである。誤り訂正後にすべての面演算子の固有値が $+1$ に戻るためには,回復鎖とエラー鎖は同じ端点を持つ必要がある。つまり $\partial \tilde{r} = \partial \tilde{c}$。図 4.5 (a) にあるように,$X(\tilde{r}+\tilde{c})$ がスタビライザー演算子となれば誤り訂正が成功する。一方,図 4.5 (b) にあるように $X(\tilde{r}+\tilde{c})^\dagger$ が論理演算子となると,誤り訂正は失敗する。

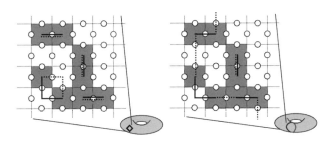

(a) 訂正後もともとの状態に戻る場合

(b) 訂正後 $X(\tilde{c}+\tilde{r})$ が論理演算子となり,誤り訂正が失敗する場合

図 4.5 エラー鎖と回復鎖

---

† エラー鎖間の足し算は,二つの辺集合の排他的論理和,XOR で行われる。

このような回復演算子を，事後確率が最大になるように選ぶことにする．つまり

$$\tilde{r} = \arg\max_{\tilde{c}'} p(\tilde{c}'|\partial\tilde{c}) = (1/\mathcal{N})(1-p)^{|E|}\prod_{i\in E}\left(\frac{p}{1-p}\right)^{\tilde{c}'_i}|_{\partial c'=\partial c} \tag{4.22}$$

ここで，$1/\mathcal{N}$ は規格化因子である．いい換えると

$$\tilde{r} = \arg\max_{\tilde{c}'|\partial\tilde{c}'=\partial\tilde{c}}\sum_i \tilde{c}'_i \tag{4.23}$$

となり，端点 $\partial\tilde{c}$ を最短で結ぶ経路が $\tilde{r}$ に対応する．このような経路を見つけることができる多項式（古典）アルゴリズムは**最小重み完全マッチングアルゴリズム**（minimum-weight-perfect-matching）として知られている[21]．このアルゴリズムを用いて誤り訂正を行った場合に耐えうるエラー確率，いわゆる閾値は数値的に $p=10.3\%$ と求められている[17]．

　表面符号は，複数のエラーパターンに対して同じシンドロームが得られる場合がある縮退符号であるため，最小距離復号が必ずしも最適な復号とは限らない．回復演算子のうち，最も確率が高くなるものの代わりに，同じ意味の訂正になるものに対する合計確率が最大になる訂正方法を選択することが最適復号になる．最適復号による閾値は $p=10.9\%$ と求められている[17),22),23]．

　シンドローム情報を得るためには，面演算子と頂点演算子の固有値を測定する必要がある．固有値が ± 1 であるようなエルミート演算子 W の固有値の測定は，補助量子ビット $|+\rangle$ を用いて図 4.6 (a) のような回路で実現できる．したがって，表面符号の面演算子と頂点演算子のシンドローム測定はそれぞれ図 4.6 (b) のような量子回路で実現される．

　これまで，シンドローム測定にはエラーが発生しないという仮定のもと，純粋に表面符号のエラーに対する耐性を調べてきた．このようなノイズモデルは，

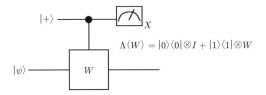

(a) エルミート演算子 W の固有値 ±1 を状態 $|\psi\rangle$ に対して間接的に測定するための量子回路

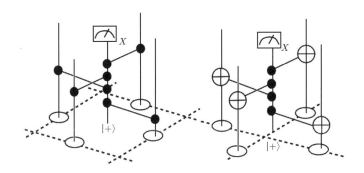

(b) 表面符号のスタビライザー A_f と B_v を測定するため（シンドローム測定）の量子回路

図 **4.6** シンドローム測定用量子回路

符号容量ノイズ（code capacity noise）と呼ばれる．しかし，誤り耐性量子計算ではすべての量子操作に対してエラーが発生しうるものとして対処できなければならない（**図 4.7** 参照）．簡単のために，測定されたシンドローム値（スタビライザー演算子の固有値）にそれぞれ確率 q でエラーが含まれるとしよう．このようなノイズモデルは，**現象論的ノイズ**（phenomenological noise）と呼ばれる．各時刻のシンドローム値はエラーを含んでいるため信頼できない．よって，シンドロームの時系列データを用いて誤り訂正を行う必要がある．時刻 t における表面符号状態に存在するビット反転エラーを表す鎖を $\tilde{c}^{(t)} = \{\tilde{c}_i^{(t)}\}$ とし，時刻 t から $t+1$ の間に新たに発生したエラーを $\tilde{e}^{(t)} = \{\tilde{e}_i^{(t)}\}$ とする．また，時刻 t に測定して得られた面演算子 A_f の固有値を $a_f^{(t)}$ とすると，すべての辺 $i \in E$ と面 $f \in F$ に対して以下のような関係式が成立する．

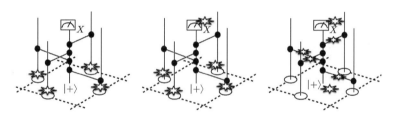

(a) 符号容量ノイズモデル (b) 現象論的ノイズモデル (c) 回路型ノイズモデル

図 **4.7** さまざまなノイズモデルにおけるエラー発生箇所

$$\tilde{c}_i^{(t+1)} = \tilde{c}_i^{(t)} \oplus \tilde{e}_i^{(t)} \tag{4.24}$$

$$a_f^{(t)} = \left(\bigoplus_{i \in \partial f} \tilde{c}_i^{(t)} \right) \oplus e_f^{(t)} \tag{4.25}$$

ここで，$e_f^{(t)} = 0, 1$ は時刻 t の頂点演算子 f の固有値の測定におけるエラー（シンドロームエラー）である．式 (4.24) を用いて式 (4.25) の $\tilde{c}_i^{(t)}$ を消去すると

$$a_f^{(t+1)} \oplus a_f^{(t)} = \left(\bigoplus_{i \in \partial f} \tilde{e}_i^{(t)} \right) \oplus e_f^{(t)} \oplus e_f^{(t+1)} \equiv s_f^{(t+1)} \tag{4.26}$$

となる．したがって，符号上もしくはシンドローム測定にエラーがあるとシンドロームの時系列データの差分値 $s_f^{(t)}$ にエラーが検出される．図 **4.8** のように符号上に発生するエラーを立方格子の垂直面に配置し，シンドローム測定におけるエラーを水平面に配置すると，エラーは双対立方格子上の辺に対応する．符号容量ノイズの場合と同様，この場合も 3 次元立方格子上のエラー鎖の端点に対応する場所にエラーが検出される（$a_f^{(t+1)} \oplus a_f^{(t)} = 1$ となる）．したがって，3 次元立方格子上で最小重み完全マッチングアルゴリズムを用いて誤り訂正が可能である．特に，$p = q$ の場合に耐えうるエラー確率は数値的に $p = q = 2.97\,\%$ と求められている[24]．

実際に誤り耐性量子計算を実行する場合は，シンドローム測定を行うために用いる補助量子ビットの準備，2 量子ビット演算，そして単一量子ビットの射影測定のそれぞれの過程で発生するエラーを考慮に入れなければならない．こ

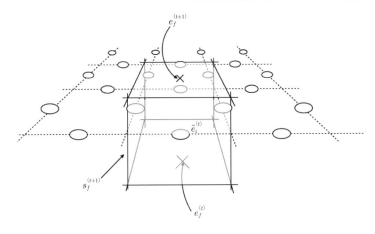

図 4.8 エラーの配置の時系列とその検出

のようなノイズモデルは，**回路型ノイズ**（circuit-based noise）と呼ばれ，誤り耐性量子計算においては最も重要な意味を持つ。状態準備と射影測定においては1量子ビットノイズ

$$\mathcal{E}_1 \rho = (1-p)\rho + \frac{1}{3}\sum_{W \in \{X,Y,Z\}} W\rho W \tag{4.27}$$

2量子ビット演算には2量子ビットノイズ

$$\mathcal{E}_2 \rho = (1-p)\rho + \frac{1}{15}\sum_{W,V=\{I,X,Y,Z\}|(W,V)\neq(I,I)} W\otimes V \rho W\otimes V \tag{4.28}$$

が発生するという仮定のもとで耐えうるエラー確率は数値的に $p = 0.75\%$ と求められている[25)~27)]。超伝導量子ビットを用いた最近の実験では，この値を下回る量子演算素子の実現が報告されている[28)]。この表面符号を実装し量子誤り訂正を実現させるための実験的取り組みが現在盛んに行われている[29)~32)]。

表面符号上では，量子ビットの損失（qubit loss）のエラーも非常に効率よく対処できることが示されており，符号容量ノイズモデルとしては50％まで[33)]，現象論的ノイズモデルでは25％まで損失に耐えることができる[34)]。三角格子や六角格子といった一般の格子上で定義される表面符号についても耐えうるエ

ラー確率（X エラーと Z エラー確率のトレードオフ関係），耐えうる量子ビットの損失確率等について調べられている[35]。

4.8 トポロジカル誤り耐性量子計算

トーラス上の表面符号は2量子ビット分の自由度しか符号化できなかった。誤り耐性量子計算を実行するためには，たくさんの量子ビットを符号化する必要がある。表面の種数を増やすことによって論理量子ビットの数を増やすことができるが，表面の形状は複雑になるだろう。ラッセンドルフらは1枚の平面上に**欠陥対**（defect pair）を生成することによって論理量子ビットの数を増やすという方法を提案した[25]〜[27], [36]。

まず，1枚の平面（開境界条件）上の表面符号を考える（図 4.9）。スタビライザー演算子と表面上の量子ビットの数が一致するので，一意的にスタビライザー状態が与えられる（これを真空と呼ぶことにする）。表面符号上に論理量子ビットを定義するために，正方格子上に二つの欠陥領域 D_1 と D_2 を図 4.10 (a) のように生成する。図 4.10 (a) にあるように，スタビライザー演算子と交換しない演算子の測定によって，欠陥を導入することができる。また，図 4.10 (b) にあるように，スタビライザー演算子を測定することによって

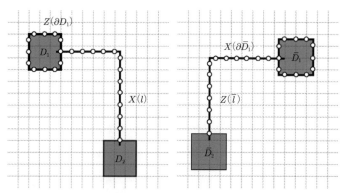

(a) p 型欠陥対量子ビット　　　(b) d 型欠陥対量子ビット

図 4.9　表面符号上に生成された欠陥対量子ビット

4.8 トポロジカル誤り耐性量子計算

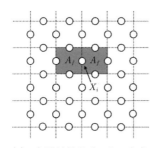
(a) 欠陥対量子ビットの生成

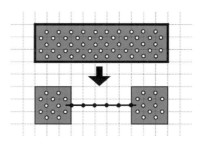
(b) 拡大，縮小，移動，消滅

図 4.10　正方格子上に生成された欠陥対量子ビット

欠陥領域を消滅させ，欠陥対量子ビットを準備できる．このようにして，欠陥領域内のすべての面演算子 A_f ($f \in D_1 \cup D_2$) をすべてスタビライザー群から取り除くことができる．その代りに，欠陥領域内部（領域の境界上の量子ビットは含まれない）に含まれるすべての量子ビットに対する X 演算子，X_i ($i \in D_1 \cup D_2 \setminus (\partial D_1 \cup \partial D_2)$)，がスタビライザー群に加わる．欠陥領域上のすべての面演算子の積 $\prod_{f \in D_1 \cup D_2} A_f = Z(\partial D_1 \cup \partial D_2)$ はスタビライザー群に残っていることに注意する．この結果，欠陥領域を取り巻くループ演算子 $Z(\partial D_1)$ もしくは $Z(\partial D_2)$ は，もはや新たに定義されたスタビライザー群には含まれず，スタビライザー群と独立な演算子になったため，論理演算子の性質を満たす．$Z(\partial D_1 \cup \partial D_2)$ がスタビライザー演算子であることから，符号状態に対する $Z(\partial D_1)$ と $Z(\partial D_2)$ の作用は同じである．また，トポロジー的に同じ（＝スタビライザー演算子の積で移せる）ループ演算子はすべて符号状態に対して同じ作用をする．これら論理演算子を代表して $\bar{Z}$ と書くことにする．この論理演算子と対になる論理演算子 $\bar{X}$ は，二つの欠陥をつなぐ線 l 上の X 演算子 $X(l)$ で定義することができる（図 4.9 参照）．l の両端は欠陥領域に接続されているので，$X(l)$ はすべてのスタビライザー演算子と交換する．この論理演算子の対から定義された論理量子ビットを p 型欠陥対量子ビット (primal defect pair qubit) と呼び，論理演算子を改めて $\bar{Z}^p$，$\bar{X}^p$ と書くことにする．欠陥領域の周の長さを d_z，欠陥対の距離を d_x とすると，欠陥対量子ビットの符号距離 d は $d = \min(d_z, d_x)$ で与えられる．

同様に，双対正方格子において欠陥領域を図4.9 (b) にあるように定義し，領域内の頂点演算子をスタビライザー群から取り除くことによって論理量子ビットが定義できる．これを d 型欠陥対量子ビット（dual defect pair qubit）と呼び，論理演算子を $\bar{Z}^d$，$\bar{X}^d$ と書くことにする．つまり，平面上に生成された欠陥から定義される量子ビットは，p 型と d 型の 2 種類存在することになる．トポロジカル誤り耐性量子計算では，この欠陥対量子ビットをあたかも平面上に（真空から）生成された擬似粒子のようにみなし，それら粒子をブレイド（互いに回転）させたり，消滅させたりすることによって量子計算を実行することになる．ブレイドすることによって量子計算を実行できるのは，擬似粒子がボソン粒子ともフェルミオン粒子とも異なる統計性を持つエニオン粒子であるからである．

以下では，欠陥対量子ビットを表面符号上で自在に動かすための基本的操作について述べる．

・**欠陥対量子ビットの生成** 図 4.10 (a) にあるように，隣接する二つの面演算子 A_f と $A_{f'}$ の真ん中にある量子ビット i に対する X_i 演算子の射影測定を実行すればよい．$A_f A_{f'}$ は X_i と交換するため，スタビライザー群に含まれたままである．このようにして準備された状態は最小の p 型欠陥対量子ビットに対する論理 $\bar{X}^p$ 演算子の固有状態である．論理 $\bar{Z}^p$ 演算子はもともとスタビライザー演算子であったので，論理 $\bar{Z}^p$ 演算子の固有状態は欠陥がない表面符号状態（真空）そのものである．同様に，d 型欠陥対量子ビットに対する論理 $\bar{Z}^d$ 演算子の固有状態は，隣接する二つの頂点演算子 B_v と B'_v の真ん中にある量子ビット j の Z_j 演算子に対する射影測定によって準備される．論理 $\bar{X}^d$ 演算子の固有状態は，欠陥のない表面符号状態である．

・**欠陥の拡大と縮小** 欠陥領域の境界上で X 演算子の射影測定を行うと，境界領域に隣接した面演算子がスタビライザー群から取り除かれるため，欠陥領域が拡大する（図 4.10 (b) 参照）．欠陥領域の縮小は，欠陥領域の内側の面演算子に関する射影測定（＝シンドロームの測定）を行い，再びスタビライザー

群に戻すことによって実行される．このようにして，欠陥領域のサイズを自由
に変化させることができる．

・**欠陥対量子ビットの移動**　　欠陥量子ビットの移動は，欠陥領域の拡大と縮
小を用いて実行される．

・**欠陥対量子ビットの消滅**　　p 型欠陥対量子ビットに対する論理 $\bar{Z}^p$ 演算子
に関する測定は，スタビライザー演算子に関する射影測定によって実行される．
測定後，頂点演算子をスタビライザー群に戻すことによって欠陥は消滅する．
$\bar{X}^d$ 演算子に関する測定は，上記の方法で欠陥対を移動し隣接させ，最後に隣
接する二つの面演算子の真ん中の量子ビット i に対して X_i を測定することに
よって実行される．その後，完全に欠陥領域を縮小させることによって欠陥量
子ビットが消滅される．d 型に対しても同様に論理 $\bar{X}^d$ 演算子，論理 $\bar{Z}^d$ 演算
子の測定が実行できる．

以上のように，p 型と d 型の欠陥対量子ビットの生成（論理パウリ基底の状
態準備），拡大，縮小，移動，そして消滅（論理パウリ基底状態に関する測定）
を単一量子ビットの射影測定とスタビライザー演算子の測定によって実現する
ことができる．それぞれの操作を論理演算子の時間発展として図 **4.11** に図示
する．

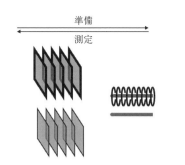 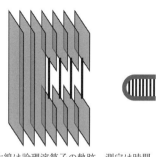

（太線は論理演算子の軌跡。測定は時間
軸を逆向きにした操作に対応する。）

(a)　$|\bar{0}\rangle^p$ もしくは $|\bar{\mp}\rangle^d$ の状態準備　　(b)　$|\bar{\mp}\rangle^p$ もしくは $|\bar{0}\rangle^d$ の状態準備

図 **4.11**　欠陥対量子ビットの準備とそれを模式的に表したもの

4. 測定型トポロジカル量子計算

・欠陥のブレイドによる2量子ビット演算　1枚の平面上にp型とd型の欠陥対量子ビットが配置されているとする。このとき，図4.12(a)の上図のようにp型欠陥を前述の方法で動かし，d型欠陥のまわりをブレイドさせてみる。論理演算子の作用が，トポロジー的性質にしかよらないことと，自明なループ演算子（すなわちスタビライザー）の積に対しても不変であることを考慮すると，ブレイド前の $\bar{X}^p$ 演算子がブレイド後の $\bar{X}^p \otimes \bar{X}^d$ 演算子と等価であることが図4.12(a)の下図のように理解できる。また，ブレイド前の $\bar{Z}^d$ 演算子は，ブレイド後の $\bar{Z}^p \otimes \bar{Z}^d$ 演算子へと変化する。このような論理パウリ演算子の変換はCNOT演算におけるそれと等価であるため，ブレイド操作はp型を制御ビット，d型をターゲットビットとした論理CNOT演算になっていることがわかる。つまり，欠陥をブレイドすることによって論理演算を行うとは，欠陥対量子ビットの論理演算子が論理CNOT演算のもとで時間発展したときに受ける変形と同様に変形されるように，測定によって符号空間を連続的に変形していくことを意味する。この際の欠陥の論理演算子の軌跡を図4.12(b)に示す。

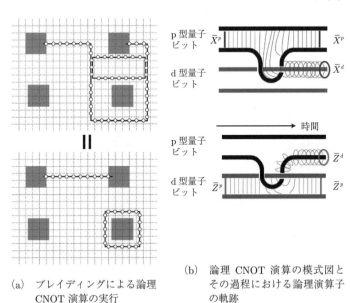

(a) ブレイディングによる論理CNOT演算の実行

(b) 論理CNOT演算の模式図とその過程における論理演算子の軌跡

図 **4.12**　欠陥のブレイドによる論理2量子ビット演算

4.8 トポロジカル誤り耐性量子計算

論理演算子 $\bar{X}^p$ や $\bar{Z}^d$ の軌跡は 3 次元空間上の膜として表現され，入力状態と出力状態の論理演算子の対応は，膜の境界条件によって与えられることになる。

残念ながら，上記の方法では必ず p 型欠陥対量子ビットが制御ビット，d 型がターゲットビットとなるような CNOT 演算しか実現できない。このような量子演算はつねに可換であり，これは，表面符号上の欠陥（擬似粒子）が Abelian（可換な）エニオンと呼ばれる所以である。万能量子計算を実現するためには少なくとも p 型欠陥対量子ビットどうしの CNOT 演算を実現できなければならない。これは，生成（状態準備）と消滅（測定）のプロセス，つまり量子テレポーテーションを利用した図 4.13 (a) のような量子回路を考えることによって解決する。この量子回路では p 型欠陥対量子ビットを制御ビットとした CNOT 演算，d 型欠陥対量子ビットの状態準備と測定のみから構成されている。しかし，測定後の状態は，二つの p 型欠陥対量子ビットに対する CNOT 演算が実現されていることに注意したい。対応する量子計算は図 4.13 (b) のようになり，p 型と d 型欠陥のブレイド操作と欠陥対の生成・消滅過程を通じて補助的に d 型欠陥対量子ビットを利用することによって，p 型欠陥対量子ビット間の CNOT 演算が実現されている。

万能量子計算を実現するためには，CNOT 演算に代表されるようなクリフォード演算に加え非クリフォード演算が必要となる。これは演算子 $(X+Y)/\sqrt{2}$ などの固有状態であるマジック状態（magic state injection）[37] の準備によって

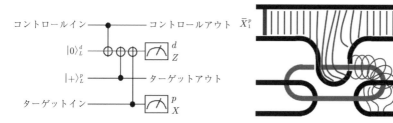

(a) 測定に基づいた CNOT 演算の量子回路図

(b) 図(a) を欠陥対量子ビットで実行した模式図

図 4.13 量子テレポーテーションを利用した量子回路

実行される。p 型欠陥対量子ビットのマジック状態 $e^{-i\theta\bar{Z}^p}|\mp\rangle^p$ の準備は，$|\mp\rangle^p$ を準備したあと，図 4.14 のように片方の欠陥領域を一つの単位面になるまで縮め，面演算子のシンドローム測定用量子ビットを $\{e^{-i\theta Z}|\pm\rangle\}$ 基底で測ることによって $e^{-i\theta\bar{Z}^p}$ を作用させて実行する（このとき $\bar{Z}^p$ は A_f である）。もしくは，欠陥対が隣接している状況で論理演算子 $\bar{X} = X_i$ が 1 体のパウリ演算子になることを利用し，p 型欠陥対量子ビットのマジック状態 $e^{-i\theta\bar{X}^p}|\bar{0}\rangle^p$ にユニタリ演算 $e^{-i\theta\bar{X}}$ を直接作用させてもよい。トポロジカル量子計算では欠陥の軌跡を時空間で連続的に変化させても実行される演算は同じなので，この二つの状態準備は論理演算として本質的にはまったく等価である。d 型欠陥対量子ビットに対しても同様にマジック状態を準備することができる。このようにして埋め込まれた論理状態 $e^{-i\theta\bar{X}^p}|\bar{0}\rangle$ もしくは $e^{-i\theta\bar{Z}^p}|\mp\rangle$ を補助量子ビットとして用いて 1 ビット量子テレポーテーション[38]) を行うことによって，単一量子ビットの $\pi/4$ 回転（$\theta = \pi/4$）や非クリフォード演算である $\pi/8$ 回転（$\theta = \pi/8$）が実現できる。

マジック状態の準備の際に，欠陥対を近接させたり，欠陥領域を収縮させる必要があった。これは，符号距離が小さくなっていることを意味し，このとき論理量子ビットはエラーから保護されていない。しかし，前述のブレイディング操作による誤り耐性のある CNOT 演算と，純粋ではないマジック状態を用

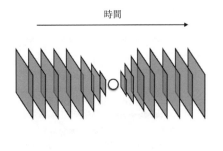
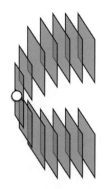

(a) マジック状態 $e^{-i\theta\bar{Z}^p}|\mp\rangle^p$ の準備 　　(b) マジック状態 $e^{-i\theta\bar{Z}^p}|\bar{0}\rangle^p$ の準備

図 4.14　p 型欠陥対量子ビットのマジック状態の準備

いてマジック状態蒸留（magic state distillation）を実行することによって任意の忠実度のマジック状態を蒸留できることが知られている[26),37)]。これにより，万能量子計算を実行するために必要なすべての操作が，誤り耐性のある方法で実行できたことになる。これら論理量子ビットに対する操作に加え，欠陥領域以外ではシンドローム測定を繰り返して誤り訂正を実行しながら量子計算を進めることになる。必要となる操作は，単一量子ビットの操作・測定，および図 4.6 にあるようなシンドロームの測定用の量子回路である。つまり，正方格子上に並べられた量子ビットに対する単一量子ビット操作および最近接量子ビット間の 2 量子ビット操作のみで実装できる。

4.9　測定によるトポロジカル誤り耐性量子計算

　表面符号を用いた誤り耐性量子計算はもともと測定型量子計算として提案された[25)]。しかし，最初から測定型量子計算として理解するのは初学者には難しいと考え，これまで回路型モデルで表面符号を用いた誤り耐性量子計算の解説を行ってきた[26),27),36)]。すべての準備が整ったので，本節では 4 章の締めくくりとして，**測定型トポロジカル量子計算**を紹介する。以下では，前節までの回路型での理解を測定型量子計算に翻訳することによって説明を行う[39)]。

　測定型量子計算では，実際に計算を行うための量子ビットに加え，量子テレポーテーションを利用して量子演算を実行するためのエンタングルした補助量子ビットがリソースとして必要なのであった。例えば，1 量子ビットに対する演算は，1 次元クラスター状態によって実行されるのであった。表面符号を用いた誤り耐性量子計算では，2 次元平面上に定義される表面符号を用いた量子計算を測定型量子計算を用いて実装することになるので，時間発展を量子テレポーテーションによって実現するための 1 次元を追加すると，3 次元状にエンタングルした状態がリソースとして必要になる。まず，はじめにシンドローム測定を実行するために必要なリソース状態と測定の方法について考えよう。面演算子の固有状態の測定は補助量子ビットとして $|+\rangle$ 状態を面心に配置し，面

上の四つの量子ビットに対して CZ 演算を作用させ，補助量子ビットを X 基底で測定することになる．$|+\rangle$ 状態の準備と CZ 演算の作用はクラスター状態の生成とまったく同じ状況となる．頂点演算子の測定は，同様に CNOT 演算を用いて実行される．

$$\Lambda_{ij}(X) = H_j \Lambda_{ij}(Z) H_j \tag{4.29}$$

であることを用いると，符号状態に対してアダマール演算を施した後に，頂点に接続する四つの量子ビットに対して CZ 演算を作用させ，頂点上に配置された補助量子ビットを X 基底で測定する．測定型量子計算においてアダマール演算は最も基本的な演算であり，時間軸方向にクラスター状態を準備しておき X 基底で測定することによって，一つ先の層にアダマール演算が作用された状態が転送されるのであった．これらを考慮すると，シンドローム測定は図 4.15 のように 3 次元立方格子から o を奇数 e を偶数として (o,o,o) と (e,e,e) の点を取り除くことによって生成される格子状のクラスター状態に対して X 基底で測定を行うことによって実行される（以降この状態を 3 次元クラスター状態と呼ぶ）．3 次元立方格子状のクラスター状態に対して頂点 (o,o,o) と (e,e,e) 上で Z 測定を行った状態（測定結果に従って副次的演算子が作用している）がこの 3 次元クラスター状態である．

測定型量子計算では，測定結果をフィードフォワードする必要があるため，前

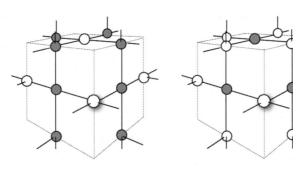

(a) 符号量子ビット（灰色）と補助量子ビット（白色）　　(b) p 型量子ビット（白色）と d 型量子ビット（灰色）

図 4.15　3 次元クラスター状態

節の内容を測定型量子計算に翻訳して，どの測定結果をどのように処理してシンドロームを得られるかを理解するのは一見複雑に見えるかもしれない．しかし，3次元クラスター状態のスタビライザー演算子の性質から非常に簡潔にシンドロームを記述することができる．立方格子の面 f に対してクラスター状態のスタビライザー演算子は

$$K_f = X_f \prod_{i \in \partial f} Z_i \tag{4.30}$$

で与えられる．単位立方体 q 上のすべての面 $f \in \partial q$ に対して K_f の積を取ると

$$\prod_{f \in \partial q} K_f = \prod_{f \in \partial q} X_f \equiv P_q \tag{4.31}$$

となり，単位立方上の六つの面心に位置する量子ビットを X 基底で測定した測定結果のパリティ（mod 2 の和）はエラーがない場合 0 になることが保証されている．エラーは双対格子の辺上に位相反転エラー Z として配置されていると見ることができ，エラー鎖 $\tilde{c}$ の端点 $\partial \tilde{c}$ に対応する単位立方のパリティが 1 になる．同様に，双対立方格子上の面 $\bar{f}$ と単位立方 $\bar{q}$ に対して

$$K_{\bar{f}} = X_{\bar{f}} \prod_{\bar{i} \in \partial \bar{f}} Z_{\bar{i}} \tag{4.32}$$

$$\prod_{\bar{f} \in \partial \bar{q}} K_{\bar{f}} = \prod_{\bar{f} \in \partial \bar{q}} X_{\bar{f}} \equiv P_{\bar{q}} \tag{4.33}$$

が成り立つので，エラーは立方格子上の辺上に位相反転エラー Z として配置され，エラー鎖 c の端点 ∂c に対応する双対単位立方のパリティが 1 になる．時間軸方向に対して偶数層はもともとの基底，奇数層はアダマール演算が施された基底に対応していることを思い出すと，スタビライザー演算子 $P_{\bar{q}}$ は回路型のトポロジカル量子計算における位相反転エラー（パウリ Z エラー），P_q はビット反転エラー（パウリ X エラー）に対応していることがわかる．つまり，図 4.15 (a) にある 3 次元クラスター状態の灰色の量子ビットが，表面符号を構成する符号量子ビット，白色の量子ビットがシンドローム測定のための補助量子ビットになっている．また，エラー鎖の端点に対応するスタビライザー演算

子の固有値が反転することから，エラー訂正は最小重み完全マッチングアルゴリズムを用いて実行できることも確認できる．前節に紹介したように，現象論的ノイズ $p=q$ の場合は，2.97％までのエラーに耐えることができる．測定型量子計算では，3次元クラスター状態を準備したあと，独立に発生する位相反転エラーに対しては 2.97％ まで耐えることができることを意味する．

ここまで，シンドローム測定が3次元クラスター状態に対する X 基底での測定によって実現されることを見てきた．つぎに，トポロジカル量子計算を実行するための，欠陥の生成・消滅・移動，そしてマジック状態の埋め込みのための単一量子ビット演算は測定型モデルにおいてどのように記述されるかを考える．まず，3次元クラスター状態を p 型欠陥領域 D，d 型欠陥領域 $\bar{D}$，真空領域 V，マジック状態領域 S の四つの領域に分割する．領域 D と $\bar{D}$ は，それぞれ表面符号上の p 型欠陥と d 型欠陥の軌跡に対応し，領域 V はトポロジカルに保護された符号状態の軌跡に対応する．また，マジック状態領域 S はマジック状態を埋め込んだ時空点に対応する．

立方格子上の (e,o,e),(o,e,e),(e,e,o) 格子点に配置された量子ビットを p 型量子ビット，(e,o,o),(o,e,o),(o,o,e) 格子点に配置された量子ビットを d 型量子ビット，さらに，(o,o,e)，(e,e,o) 格子に配置された量子ビットを補助量子ビット，その他の量子ビットを符号量子ビットと呼ぶことにする．つまり，立方格子の面心に配置された量子ビットを p 型，双対立方格子のそれを d 型と呼び，さらにその量子ビットが表面符号を構成しているのか，もしくはシンドローム測定の補助量子ビットかによって符号・補助と呼び分けている．例えば，(e,o,o) に位置する量子ビットは p 型符号量子ビット，(o,o,e) に位置する量子ビットは d 型補助量子ビットと呼ぶことになる．

まず，p 型欠陥の場合は欠陥領域内の量子ビットは，すべて X 演算子の固有状態である．したがって，領域 D 内の p 型符号量子ビットは X 基底で測定される．ただし，時間軸方向にすでに CZ 演算が作用されており，X 基底での測定はアダマール演算を伴って次の層へ量子テレポーテーションされてしまう．これを無効化するために時間軸方向に接続されている量子ビットを切り落として

おく必要がある．このため，領域 D 内の d 型符号量子ビットは Z 基底で測定される[†]．さらに，領域 D 内では，面演算子に関するシンドローム測定も無効化しなければならない．このため，d 型補助量子ビットは Z 基底で測定される．頂点演算子に関しては，シンドロームを得ることはできるので，p 型補助量子ビットは真空領域と同様，X 基底で測定される．以上をまとめると，領域 D 内の p 型量子ビットは X 基底，d 型量子ビットは Z 基底で測定することになる．

d 型欠陥量子ビットはアダマール演算の作用のために，p 型欠陥量子ビットとは 3 次元格子上において時間軸方向に対して一つずれた格子上での操作に対応する．このことに注意して同様の考察を行うと，領域 $\bar{D}$ 内の p 型量子ビットは Z 基底，d 型量子ビットは X 基底で測定することになる．

p 型欠陥量子ビットへのマジック状態の埋め込みは，欠陥領域を最小化して面演算子の補助量子ビットに $e^{-i\theta Z}$ を作用させて X 基底で測定する方法と，欠陥領域を隣接させ $e^{-i\theta X}$ 演算を作用させる方法の 2 通りがあった（両者は等価であった）．前者の場合は，d 型補助量子ビットを Y 基底（$\theta = \pi/4$ の場合）と $(X+Y)/\sqrt{2}$ 基底（$\theta = \pi/8$ の場合）で測定することに対応する．後者は，クラスター状態上の測定型量子計算では x 軸の回転にを直接実行することはできないため，時間軸方向に一つずれた格子上で $e^{-i\theta Z}$ 演算を行い，X 基底の測定によってアダマール演算を実行することになる．つまり，d 型符号量子ビットを $\theta = \pi/8$ と $\theta = \pi/4$ のそれぞれに対応して Y 基底と $(X+Y)/\sqrt{2}$ 基底で測定することになる．よって，測定型モデルでは p 型欠陥量子ビットのマジック状態準備は，d 型量子ビットに対する Y 基底，$(X+Y)/\sqrt{2}$ 基底での測定になり，両者の等価性がより直接的に見えるようになった（図 4.14 および**図 4.16**参照．図 4.16 において p 型・d 型欠陥量子ビットの軌跡が p 型・d 型欠陥領域 D, $\bar{D}$ に対応し，マジック状態の準備のための量子ビットが S, それ以外の領域が V となる）．同様に，d 型欠陥量子ビットへマジック状態を埋め込む場合は，対応する p 型符号量子ビットを Y もしくは $(X+Y)/\sqrt{2}$ 基底で測定する

[†] もしくは，アダマール変換された次の層において Z 基底で測定していると考えてもよい．両者は等価である．

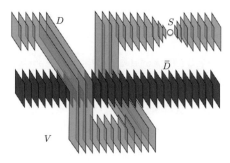

図 4.16 測定型トポロジカル量子計算における測定基底を決める各領域

表 4.3 測定型トポロジカル量子計算における測定のルール

領域	p 型量子ビット	d 型量子ビット
V	X	X
D	X	Z
$\bar{D}$	Z	X
S (p 型欠陥量子ビットのマジック状態準備)	X	Y もしくは $(X+Y)/\sqrt{2}$
S (d 型欠陥量子ビットのマジック状態準備)	Y もしくは $(X+Y)/\sqrt{2}$	X

ことになる.以上をまとめると,表 4.3 にあるようなルールに従って 3 次元クラスター状態を測定をすることによって,測定型トポロジカル誤り耐性量子計算が実行される.

4.10 応用と関連研究

表面符号を用いた回路型・測定型の誤り耐性量子計算は,その物理的実現性の高さから現在ではさまざまな応用研究のプラットホームとなっている.まず第一に,IBM,Google・カルフォルニア大学サンタバーバラ校,デルフト工科大学 (QuTech)・Intel らのグループが,超伝導量子ビットを用いた回路型のトポロジカル誤り耐性量子計算の実現を目指し精力的に研究を進めている[28]~[32]。光子と線形光学を用いたエンタングルメント操作は原理的に確率的にしか成功しない演算になってしまう.しかし,回路モデルとは異なり測定型量子計算で

は，量子計算のリソースとなるエンタングル状態の準備と量子計算を実行する測定の段階が明確に分離されている．このため，確率的にしか成功しない演算を用いても拡張性のある量子計算が可能となる[40),41)]．このような経緯から，光量子ビットを用いた測定型トポロジカル誤り耐性量子計算の実装も議論されている[42)〜46)]．また，6章で説明するように測定型量子計算はブラインド量子計算との相性が良い．ブラインド量子計算に誤り耐性を持たせたトポロジカルブラインド量子計算の提案や，測定型トポロジカル量子計算を用いたブラインド量子計算の検証方法が提案されている[47)〜49)]．

クラスター状態に対して4.6節で導入したスタビライザーハミルトニアン模型を考えるのも興味深い[50)]．クラスター状態は，互いに可換であるCZ演算のみで$|+\rangle$の直積状態から生成できるため，トポロジカル秩序を持たないが，対称性によって保護されたトポロジカル相（symmetry protected topological order, SPT）として特徴付けされている．つまり，特定の対称性を満たす摂動しかない状況下においてその摂動強度が十分小さければ，基底状態は測定型量子計算のリソースとして望ましい相になっていることを意味する．量子相を特徴付けるストリング秩序変数と基底状態を用いて量子計算を行った場合の量子計算の忠実度との対応が明らかになっている[51)]．このような，基底状態の量子計算能力で量子相を特徴付けるという試みが行われている[52),53)]．また，スタビライザー演算子の可換性およびクラスター状態の性質を用いるとクラスター状態のスタビライザーハミルトニアン模型は有限温度であっても厳密に熱平衡状態を計算することが可能である．じつは，クラスタースタビライザーハミルトニアン模型の熱平衡状態は，理想的なクラスター状態にパウリZエラーを確率的に作用させた状態になっており，解析が簡単にできる．このような解析性を利用して，有限温度の熱平衡状態の量子計算能力も調べられている[54),55)]．クラスター状態のスタビライザーは多体のパウリ演算子から構成されていて，スタビライザーハミルトニアンは自然な相互作用からは得られない．しかし，3章で述べたように量子ビットの代わりに，スピン1やスピン3/2などの大きなスピン系では，最近接2体相互作用ハミルトニアンの基底状態に適切な量子操作を行

うことによって，クラスター状態を得ることができることが知られており，有限温度熱平衡状態の量子計算能力も調べられている[56),57)]。

引用・参考文献

1) P. W. Shor: *Scheme for reducing decoherence in quantum computer memory*, Phys. Rev. A, **52**, R2493 (1995)
2) D. Gottesman: *Stabilizer codes and quantum error correction.*, PhD thesis, California Institute of Technology (1997)
3) C. H. Bennett, D. P. DiVincenzo, J. A. Smolin and W. K. Wootters: *Mixed-state entanglement and quantum error correction*, Phys. Rev. A, **54**, 3824 (1996)
4) R. Laflamme, C. Miquel, J. P. Paz and W. H. Zurek: *Perfect quantum error correcting code*, Phys. Rev. Lett., **77**, 198 (1996)
5) D. Aharonov, M. Ben-Or: *Fault-tolerant quantum computation with constant error rate*, SIAM J. Comput., **38**, 4, pp.1207–1282 (2008)
6) P. Aliferis: *An introduction to reliable quantum computation.* In *Quantum Error Correction* edited by D. A. Lidar and T. A. Brun., pp.127–158, Cambridge University Press (2013)
7) A. Y. Kitaev: *Quantum computations: algorithms and error correction*, Russian Mathematical Surveys, **52**, 6, pp.1191–1250 (1997)
8) A. Y. Kitaev: *Fault-tolerant quantum computation by anyons*, Ann. of Phys., **303**, 1, pp.2–30 (2003)
9) M. A. Levin, X.-G. Wen: *String-net condensation: A physical mechanism for topological phases*, Phys.Rev. B, **71**, 045110 (2005)
10) A. Kitaev: *Anyons in an exactly solved model and beyond*, Ann. of Phys., **321**, 1, pp.2–111 (2006)
11) A. Y. Kitaev: *Unpaired Majorana fermions in quantum wires.*, Physics-Uspekhi, **44**, pp.131–136 (2001)
12) H. Bombin, M. A. Martin-Delgado: *Topological computation without braiding*, Phys. Rev. Lett., **98**, 160502 (2007)
13) J. Haah: *Local stabilizer codes in three dimensions without string logical operators*, Phys. Rev. A, **83**, 042330 (2011)

14) B. Yoshida: *Exotic topological order in fractal spin liquids*, Phys. Rev. B, **88**, 125122 (2013)
15) B. Yoshida: *Classification of quantum phases and topology of logical operators in an exactly solved model of quantum codes*, Ann. of Phys., **326**, 1, pp.15–95 (2011)
16) H. Bombín, G. Duclos-Cianci, and D. Poulin: *Universal topological phase of two-dimensional stabilizer codes*, New J. of Phys., **14**, 073048 (2012)
17) E. Dennis, A. Kitaev, A. Landahl, and J. Preskill: *Topological quantum memory*, J. of Math. Phys., **43**, 4452 (2002)
18) S. Bravyi, B. Terhal: *A no-go theorem for a two-dimensional self-correcting quantum memory based on stabilizer codes*, New J. of Phys., **11**, 043029 (2009)
19) B. Yoshida: *Feasibility of self-correcting quantum memory and thermal stability of topological order*, Ann. of Phys., **326**, 10, pp.2566–2633 (2011)
20) A. R. Calderbank, P. W. Shor: *Good quantum error-correcting codes exist*, Phys. Rev. A, **54**, 1098 (1996)
21) J. Edmonds: *Paths, trees, and flowers*, Canad. J. of math., **17**, pp.449–467 (1965)
22) A. Honecker, M. Picco and P. Pujol: *Universality class of the Nishimori point in the 2D±J random-bond Ising model*, Phys. Rev. Lett., **87**, 047201 (2001)
23) F. Merz, J. T. Chalker: *Two-dimensional random-bond Ising model, free fermions, and the network model*, Phys. Rev. B, **65**, 054425 (2002)
24) C. Wang, J. Harrington, and J. Preskill: *Confinement-Higgs transition in a disordered gauge theory and the accuracy threshold for quantum memory*, Ann. of Phys., **303**, 1, pp.31–58 (2003)
25) R. Raussendorf, J. Harrington and K. Goyal: *A fault-tolerant one-way quantum computer*, Ann. of Phys., **321**, 9, pp.2242–2270 (2006)
26) R. Raussendorf, J. Harrington and K. Goyal: *Topological fault-tolerance in cluster state quantum computation*, New J. of Phys., **9**, 199 (2007)
27) R. Raussendorf, J. Harrington: *Fault-Tolerant Quantum Computation with High Threshold in Two Dimensions*, Phys. Rev. Lett., **98**, 190504 (2007)
28) R. Barends *et al.*: *Superconducting quantum circuits at the surface code threshold for fault tolerance*, Nature, **508**, pp.500–503 (2014)

29) J. Kelly, et al.: *State preservation by repetitive error detection in a superconducting quantum circuit*, Nature, **519**, pp.66–69 (2015)
30) J. M. Chow et al.: *Implementing a strand of a scalable fault-tolerant quantum computing fabric*, Nature Communications, **5**, 4015 (2014)
31) A. D. Córcoles et al.: *Demonstration of a quantum error detection code using a square lattice of four superconducting qubits*, Nature Communications, **6**, 6979 (2015)
32) J. Cramer et al.: *Repeated quantum error correction on a continuously encoded qubit by real-time feedback*, Nature Communications, **7**, 11526 (2016)
33) T. M. Stace, S. D. Barrett and A. C. Doherty: *Thresholds for topological codes in the presence of loss*, Phys. Rev. Lett., **102**, 200501 (2009)
34) S. D. Barrett, T. M. Stace: *Fault tolerant quantum computation with very high threshold for loss errors*, Phys. Rev. Lett., **105**, 200502 (2010)
35) K. Fujii, Y. Tokunaga: *Error and loss tolerances of surface codes with general lattice structures*, Phys. Rev. A, **86**, 020303 (2012)
36) A. G. Fowler, A. M. Stephens and P. Groszkowski: *High-threshold universal quantum computation on the surface code*, Phys. Rev. A, **80**, 052312 (2009)
37) S. Bravyi, A. Kitaev: *Universal quantum computation with ideal Clifford gates and noisy ancillas*, Phys. Rev. A, **71**, 022316 (2005)
38) X. Zhou, D. W. Leung and I. L. Chuang: *Methodology for quantum logic gate construction*, Phys. Rev. A, **62**, 052316 (2000)
39) K. Fujii: *Quantum Computation with Topological Codes: from qubit to topological fault-tolerance*, Springer (2015)
40) M. A. Nielsen: *Optical quantum computation using cluster states*, Phys. Rev. Lett., **93**, 040503 (2004)
41) L-M. Duan, R. Raussendorf: *Efficient quantum computation with probabilistic quantum gates*, Phys. Rev. Lett., **95**, 080503 (2005)
42) S. J. Devitt et al.: *Architectural design for a topological cluster state quantum computer*, New J. of Phys., **11**, 083032 (2009)
43) K. Fujii, Y. Tokunaga: *Fault-tolerant topological one-way quantum computation with probabilistic two-qubit gates*, Phys. Rev. Lett., **105**, 250503 (2010)

44) Y. Li, S. D. Barrett, T. M. Stace and S. C. Benjamin: *Fault tolerant quantum computation with nondeterministic gates*, Phys. Rev. Lett., **105**, 250502 (2010)
45) C. Monroe, et al.: *Large-scale modular quantum-computer architecture with atomic memory and photonic interconnects*, Phys. Rev. A, **89**, 022317 (2014)
46) K. Nemoto, et al.: *Photonic architecture for scalable quantum information processing in diamond*, Phys. Rev. X, **4**, 031022 (2014)
47) T. Morimae, K. Fujii: *Blind topological measurement-based quantum computation*, Nature Communications, **3**, 1036 (2012)
48) J. F. Fitzsimons, E. Kashefi: *Unconditionally verifiable blind computation*, arXiv:1203.5217
49) K. Fujii, M. Hayashi: *Verifiable fault-toleraitce in measurement-based quantum computation*, arXiv: 1610.05216 (2016)
50) J. K. Pachos, M. B. Plenio: *Three-spin interactions in optical lattices and criticality in cluster Hamiltonians*, Phys. Rev. Lett., **93**, 056402 (2004)
51) W. Son, et al.: *Quantum phase transition between cluster and antiferromagnetic states*, Europhysics Letters, **95**, 5, 50001 (2011)
52) S. D. Bartlett et al.: *Quantum computational renormalization in the Haldane phase*, Phys. Rev. Lett., **105**, 110502 (2010)
53) J. Miller, A. Miyake: *Resource quality of a symmetry-protected topologically ordered phase for quantum computation*, Phys. Rev. Lett., **114**, 120506 (2015)
54) S. D. Barrett et al.: *Transitions in the computational power of thermal states for measurement-based quantum computation*, Phys. Rev. A, **80**, 062328 (2009)
55) K. Fujii et al.: *Measurement-based quantum computation on symmetry breaking thermal states*, Phys. Rev. Lett., **110**, 120502 (2013)
56) Y. Li et al.: *Thermal states as universal resources for quantum computation with always-on interactions*, Phys. Rev. Lett., **107**, 060501 (2011)
57) K. Fujii, M. Tomoyuki: *Topologically protected measurement-based quantum computation on the thermal state of a nearest-neighbor two-body Hamiltonian with spin-3/2 particles*, Phys. Rev. A, **85**, 010304 (2012)

5 イジング模型分配関数と測定型量子計算

5.1 イジング模型

イジング模型は磁石などに代表される磁性体の振る舞いを記述する最も単純な模型であり，磁性体の物性や相転移現象等を理解するために古くから研究されてきた．イジング模型は $+1$ （上向き）と -1 （下向き）の二つの状態を取りうる（古典的な）スピン σ から構成される．グラフ $G = (V, E)$ 上の各頂点 $v \in V$ にスピン σ_v が配置されているとしよう．グラフ G 上のイジング模型のエネルギーを決定する関数，ハミルトニアンは

$$H_G(\{\sigma_a\}) = -\sum_{\{a,b\} \in E} J_{ab} \sigma_a \sigma_b - \sum_{a \in V} h_a \sigma_a$$

で与えられる．第一項は，イジング型の 2 体相互作用の項であり，$J_{ab} > 0$ （強磁性相互作用）の場合は相互作用する二つのスピンが同じ向きの場合にエネルギーが低くなり，$J_{ab} < 0$ （反強磁性相互作用）の場合は逆向きの場合にエネルギーが低くなる．第二項は，外部磁場によるエネルギーの寄与である．熱平衡状態としてカノニカル分布を採用すると，エネルギー E_high の状態はエネルギー E_low の状態に対して，逆温度 $\beta = 1/(k_B T)$ （k_B はボルツマン定数，T は温度）を用いて $e^{-\beta(E_\text{high} - E_\text{low})}$ の相対頻度で出現すると考えてよい．このため熱平衡状態において，あるスピン配位 $\{\sigma_a\}$ の出現する確率は

$$\text{Prob}(\{\sigma_a\}) = \frac{e^{-\beta H(\{\sigma_a\})}}{\mathcal{Z}_G(\{\beta J_{ab}\}, \{\beta h_a\})}$$

となる。ここで，$e^{-\beta H(\{\sigma_a\})}$ はボルツマン因子と呼ばれ，規格化のためにすべての配位に対してその総和をとったもの

$$\mathcal{Z}_G(\{\beta J_{ab}\}, \{\beta h_a\}) \equiv \sum_{\{\sigma_a\}} e^{-\beta H(\{\sigma_a\})}$$

は分配関数と呼ばれる。$\sum_{\{\sigma_a\}}$ はすべてのとりうるスピン配位の和を意味する。系のエネルギーの平均値や磁化（どの程度スピンの向きがそろっているか）といった情報は，この分配関数の対数を偏微分することによって，それぞれ以下のように得られる。

$$\langle H_G(\{\sigma_a\}) \rangle \equiv \sum_{\{\sigma_a\}} H_G(\{\sigma_a\}) \mathrm{Prob}(\{\sigma_a\}) = -\frac{\partial}{\partial \beta} \ln \mathcal{Z}_G(\{\beta J_{ab}\}, \{\beta h_a\})$$

$$\left\langle \sum_a \sigma_a \right\rangle \equiv \sum_{\{\sigma_a\}} \left(\sum_a \sigma_a \right) \mathrm{Prob}(\{\sigma_a\}) = -\sum_a \frac{1}{\beta} \frac{\partial}{\partial h_a} \ln \mathcal{Z}_G(\{\beta J_{ab}\}, \{\beta h_a\})$$

このため，物質の性質を知る上で分配関数を計算することが非常に重要となる。しかしながら，$|V|$ 個のスピンが取りうるすべての配位の数は $2^{|V|}$ となり，グラフの頂点（スピンの数）に対して指数的に増えてしまう。このため，単純に分配関数を計算しようとすると，系のサイズに対して指数関数的な時間を要する。有限幅の木グラフや磁場のない 2 次元平面グラフ上のイジング模型の場合のような特定の構造を持つ場合には，分配関数を効率よく計算することができる。しかし，一般の相互作用強度・磁場に対する分配関数の評価は非常に難しい問題である。

これは，以下のような組合せ最適化問題とイジング分配関数との関連からもうかがえる。**MAX-2-SAT** 問題は，変数 $\{x_i\}$ ($x_i \in \{0,1\}$) に対して論理和 $\vee$ （AND）で与えられた充足条件（それぞれ二つの変数からなる）

$$(x_i \vee x_j), (x_{i'} \vee \bar{x}_{j'}), ..., (\bar{x}_{i''} \vee \bar{x}_{j''})$$

のうち最大何個の条件を満たす（真値 = 1 を返す）ことができるかを計算する問題であり，NP 困難問題として知られている。この問題は，変数 a の否定

$\bar{a}$ に対してはスピンの反転 $-\sigma_a$，論理和 $a \vee b$ に対してはスピンの相互作用 $\sigma_a \sigma_b - (\sigma_a + \sigma_b)$ を対応させると，対応するイジング模型の最低エネルギー（基底状態のエネルギー）E_g を求める問題に帰着される．分配関数の対数値，すなわち自由エネルギー

$$F(\{\beta J_{ab}\}, \{\beta h_a\}) = -\frac{1}{\beta} \ln \mathcal{Z}(\{\beta J_{ab}\}, \{\beta h_a\})$$

は低温の極限 $\beta \to \infty$ において基底状態のエネルギー E_g （エネルギーの最小値）に一致する．このため，一般にイジング模型の低温領域の分配関数を求めることは非常に難しい（NP 困難）ことがうかがえる．以上のような理由から，イジング模型の分配関数は統計力学・計算機科学の両分野において盛んに研究されてきた[1),2)]．本節では，このようなイジング分配関数と量子情報との関連について述べ，分配関数を評価する量子アルゴリズムを紹介する．

本章の以降の構成は，5.2 節でイジング分配関数とスタビライザー形式である **Van den Nest-Dür-Brigel**（**VDB**）対応を紹介する．特に VDB 対応では，イジング分配関数がスタビライザー状態とテンソル積状態との内積によって表現される．これは，イジング模型だけにとどまらず，一般の q 状態古典スピン模型にまで拡張される．5.3 節では，VDB 対応とスタビライザー形式を応用して，古典統計力学分野でよく知られている双対関係式を導出する．5.4 節では，VDB 対応と測定型量子計算を応用することによって，正方格子磁場ありイジング模型の万能性を示す．これは，任意のグラフ上の任意の q 状態古典スピン模型分配関数は，特定のパラメータの正方格子磁場ありイジング模型分配関数と等価になるということである．この万能性により，正方格子磁場ありイジング模型の分配関数を計算できれば，その他の古典スピン模型の分配関数の値を知ることができる．これら準備の後に，5.5 節において，本章の主題であるイジング分配関数を近似する量子アルゴリズムを紹介する．最初に，VDB 対応から直接的に定数深さ量子アルゴリズムを構築する．このアルゴリズムはすべてのパラメータ領域に適用可能であるが，最適な近似になっていない．そこで，特定のパラメータ領域において，VDB 対応を測定型量子計算とみなすこと

によって，近似の精度を指数的に改善する．また，この改善された量子アルゴリズムが非自明な計算を行っていることの証左として，この量子アルゴリズムで到達可能な近似問題は BQP 完全であることも示す．BQP 完全性が示されたパラメータの分配関数に対しては，より強い近似をすることが困難（#P 困難）であることもいえる．構築した量子アルゴリズムは特定の複素数値のパラメータが前提となっているが，最後に，これを実数パラメータを含む一般のイジング模型の分配関数を近似する量子アルゴリズムへと拡張し，この章を締めくくる．

5.2 分配関数とスタビライザー形式

分配関数を多体量子状態を用いて表現するために，スピン模型を定義するためのグラフ G（頂点上にスピンが配置され辺で結ばれる二つの頂点に対応するスピンが相互作用する）から定義される別のグラフ $\tilde{G} = (\tilde{V}, \tilde{E})$（グラフ G と区別するために装飾グラフと呼ぶことにする）　上のグラフ状態を考える（図 **5.1** 参照）．装飾グラフ $\tilde{G}$ は，グラフ G における各辺 (a,b) の中央に新たに頂点 e_{ab} を導入したものである．よって，その頂点集合を V_E として，装飾グラフ $\tilde{G}$ は，頂点 $\tilde{V} = V \cup V_E$ と辺 $\tilde{E} = \{a, e_{ab} | a, b \in V, e_{ab} \in V_E\}$ から構成される．グラフ状態が，各量子ビットを $|+\rangle$ に準備し，CZ 演算をグラフの辺に対応して作用させることによって生成できることを思い出すと，装飾グラフ

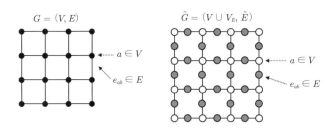

(a) スピン模型を定義するグラフ G　　(b) G から定義した装飾グラフ $\tilde{G}$

図 **5.1**　スピン模型を定義するグラフと装飾グラフ

$\tilde{G}$ 上のグラフ状態は

$$|\tilde{G}\rangle = \left[\prod_{a \in V}\left(\prod_{e \in \tilde{\mathcal{N}}_a} \Lambda_{a,e}(Z)\right)\right]|+\rangle^{\otimes|V|+|V_E|} \tag{5.1}$$

と書ける。ただし，$\tilde{\mathcal{N}}_a$ は装飾グラフ $\tilde{G}$ 上で頂点 a に隣接する頂点の集合である。このグラフ状態の頂点の部分集合 V_E （グラフ G 上の辺に対応する）に対してアダマール演算を作用させてみよう。すると新たなスタビライザー状態

$$\begin{aligned}|\varphi_{\tilde{G}}\rangle &= \left(\prod_{e_{ab} \in V_E} H_{e_{ab}}\right)|\tilde{G}\rangle \\ &= \left(\prod_{e_{ab} \in V_E} H_{e_{ab}}\right)\left[\prod_{a \in V}\prod_{e \in \tilde{\mathcal{N}}_a} \Lambda_{a,e}(Z)\right]|+\rangle^{\otimes|V|+|V_E|} \\ &= \left[\prod_{a \in V}\prod_{e \in \tilde{\mathcal{N}}_a} \Lambda_{a,e}(X)\right]\bigotimes_{a \in V}|+\rangle \bigotimes_{e \in V_E}|0\rangle \\ &= 2^{-|V|/2}\sum_{\{s_a\}}\bigotimes_{e_{ab} \in V_E}|s_a \oplus s_b\rangle\bigotimes_{a \in V}|s_a\rangle \end{aligned} \tag{5.2}$$

が得られる。ここで，$s_a = 0,1$ はグラフ G の各頂点に上に定義される二値変数であり，$\sum_{\{s_a\}}$ は $|V|$ ビットのビット列 $\{s_a\}$ すべてに対する和を意味する。また，アダマール演算子を CZ 演算子の両側から挟む（共役作用）と CNOT 演算に変形される

$$H_j \Lambda_{i,j}(Z) H_j = \Lambda_{i,j}(X)$$

ことを利用した。

つぎに，装飾グラフ $\tilde{G}$ の各頂点上に配置された量子ビットのテンソル積状態

$$|\alpha\rangle = \left(\bigotimes_{e_{ab} \in V_E} H|\alpha_{e_{ab}}\rangle\right)\left(\bigotimes_{a \in V}|\alpha_a\rangle\right) \tag{5.3}$$

を

5.2 分配関数とスタビライザー形式

$$\langle \alpha_{e_{ab}} | = \frac{e^{\beta J_{ab}} \langle 0 |_{e_{ab}} + e^{-\beta J_{ab}} \langle 1 |_{e_{ab}}}{\sqrt{|e^{\beta J_{ab}}|^2 + |e^{-\beta J_{ab}}|^2}} \tag{5.4}$$

$$\langle \alpha_a | = \frac{e^{\beta h_a} \langle 0 |_a + e^{-\beta h_a} \langle 1 |_a}{\sqrt{|e^{\beta h_a}|^2 + |e^{-\beta h_a}|^2}} \tag{5.5}$$

として定義する。前述のスタビライザー状態と，このテンソル積状態の内積の値はイジング模型分配関数と等しくなる。

$$\mathcal{Z}_G = \Delta_\text{o} \left(\bigotimes_{e_{ab} \in V_E} \langle \alpha_{e_{ab}} | \right) \left(\bigotimes_{a \in V} \langle \alpha_a | \right) | \varphi_{\tilde{G}} \rangle = \Delta_\text{o} \langle \alpha | \tilde{G} \rangle \tag{5.6}$$

ここで，Δ_o はスケール因子であり

$$\Delta_\text{o} = 2^{\frac{|V|}{2}} \prod_{\{a,b\} \in E} \sqrt{|e^{\beta J_{ab}}|^2 + |e^{-\beta J_{ab}}|^2} \prod_{a \in V} \sqrt{|e^{\beta h_a}|^2 + |e^{-\beta h_a}|^2} \tag{5.7}$$

と定義される。この関係式は以下のように理解できる。すなわち，スタビライザー状態 $|\varphi_{\tilde{G}}\rangle$ において頂点 $v \in V$ 上の量子ビットが各スピンの状態を表し，CNOT 演算による変数の XOR 演算（式 (5.2)）によって相互作用に寄与する変数とその偶奇が決定される。したがって，スタビライザー状態 $|\varphi_{\tilde{G}}\rangle$ において，各スピン配位に対する相互作用の偶・奇（同じ向き、もしくは逆向き）の情報がすべてのスピン配位に対して重ね合わさった状態が得られている。この状態に対して，式 (5.4) と式 (5.5) で定義されたテンソル積状態と内積の値をとることによってテンソル積状態に埋め込まれたボルツマン因子の重み付けがなされる。特に，グラフ G の頂点に由来する頂点 $a \in V$ 上の量子状態 $\langle \alpha_a |$ は磁場による重み付け，グラフ G の辺に由来する頂点 $e_{ab} \in V_E$ 上の量子状態 $\langle \alpha_{e_{ab}} |$ はイジング相互作用による重み付けを行う。

上記の式 (5.6) は，古典スピン模型の分配関数をスタビライザー状態とテンソル積状態の内積に対応させ，量子情報と統計力学（古典スピン模型）をつなぐ非常に重要な関係式であり，Van den Nest-Dür-Brigel らによって得られた[3],[4]。

VDB 対応は一般的な q 状態古典スピン模型の分配関数へと拡張が可能である。q 個の状態をとりうる古典的なスピン $s_a = 0, 1, ..., q-1$ に対する，一般の k 体相互作用の場合を考えよう．このために，一般の装飾グラフ（2部グラフならどのようなグラフでもよい）$\tilde{G} = (V_{\text{sit}} \cup V_{\text{int}}, E)$ から議論を始める．頂点 $a \in V_{\text{site}}$ 上に q 状態スピンが配置され，頂点 $v \in V_{\text{int}}$ はどのスピンが相互作用に寄与するかを指定している．つまり，頂点 v に隣接する頂点集合 $\tilde{\mathcal{N}}_v \subset V_{\text{site}}$ に属するスピンが互いに相互作用することになる．このような多体相互作用 q 状態古典スピン模型のハミルトニアンは

$$H_{\tilde{G}}^q(\{s_a\}) = -\sum_{v \in V_{\text{int}}} J_v \left(\bigoplus_{a \in \tilde{\mathcal{N}}_v} s_a \right) \tag{5.8}$$

として与えられる．ここでは J_v は変数ではなく，q 値変数 x から複素数値への関数 $J_v(x)$ として与えられ，結合の種類とその強度を指定している．また，$\bigoplus$ は mod q での加法を意味する．特に 2 体相互作用に限定し $J_v(0) = J$, $J_v(x) = 0$ ($x \neq 0$) とした模型は，q 状態ポッツ模型に対応する．

この q 状態古典スピン模型の分配関数に対する VDB 対応は

$$\langle \alpha_a | = \sum_{k=0}^{q-1} \langle k | e^{-\beta J_v(k)} \tag{5.9}$$

$$\langle +^q | = \sum_{k=0}^{q-1} \langle k | \tag{5.10}$$

を用いて

$$\mathcal{Z}_{\tilde{G}}^q = \left(\langle +^q |^{\otimes |V_{\text{site}}|} \right) \left(\bigotimes_{v \in V_{\text{int}}} \langle \alpha_v | \right) \sum_{\{s_a\}} \left(|s_a\rangle \bigotimes_{v \in V_{\text{int}}} \left| \bigoplus_{b \in \tilde{\mathcal{N}}_v} s_b \right\rangle \right) \tag{5.11}$$

で与えられる．ただし，簡単のためブラ空間，ケット空間両方において状態の規格化を行わなかったため，スケール因子 Δ_o が出てこなかったことに注意する．状態 $|+^q\rangle$ は q 準位量子系（量子ディット）上の一般化パウリ X 演算子

$$X^l = \left(\sum_k |k\rangle\langle k \oplus 1|\right)^l \tag{5.12}$$

($l = 0, 1, ..., q-1$) の固有状態であり，状態 $|0\rangle$ は，一般化パウリ Z 演算子

$$Z^l = \left(\sum_k |k\rangle\langle k| e^{\frac{i2\pi k}{q}}\right)^l \tag{5.13}$$

($l = 0, 1, ..., q-1$) の固有状態である．また，2量子ディットに対する CNOT 演算，$\Lambda^q_{i,j}(X) = \sum_k |k\rangle\langle k|_i X_j^k$ を用いて

$$\sum_{\{s_a\}} |s_a\rangle \bigotimes_{v \in V_{\text{int}}} \left|\bigoplus_{b \in \tilde{\mathcal{N}}_a} s_b\right\rangle = \left[\prod_{a \in V_{\text{site}}} \prod_{v \in \tilde{\mathcal{N}}_a} \Lambda^q_{a,v}(X)\right] |+^q\rangle |0\rangle^{\otimes |V_{\text{int}}|} \tag{5.14}$$

と書けることから，演算子

$$\left(\prod_{v \in \tilde{\mathcal{N}}_a} \Lambda^q_{a,v}(X)\right) X_a \left(\prod_{v \in \tilde{\mathcal{N}}_a} \Lambda^q_{a,v}(X)^\dagger\right) = X_a \prod_{v \in \tilde{\mathcal{N}}_a} X_v^{-1} \tag{5.15}$$

$$\left(\prod_{a \in \tilde{\mathcal{N}}_v} \Lambda^q_{a,v}(X)\right) Z_v \left(\prod_{a \in \tilde{\mathcal{N}}_v} \Lambda^q_{a,v}(X)^\dagger\right) = \left(\prod_{a \in \tilde{\mathcal{N}}_v} Z_a^{-1}\right) Z_v \tag{5.16}$$

のスタビライザー状態となっていることがわかる．さらに，V_{int} 上の量子ディットに対して一般化アダマール演算（量子離散フーリエ変換）を作用させると，量子ディットに対するグラフ状態のスタビライザー演算子を得る[5]．

5.3 VDB 対応と双対性

VDB 対応を用いることによって分配関数に対する操作や対応関係を量子状態に対するそれとして取り扱うことが可能となる．例えば，グラフ状態に対するパウリ基底での測定は，グラフ状態を他のグラフ状態へと写す．これは，古典スピン模型においてスピン変数や相互作用を繰り込み，異なるグラフ上で定義される分配関数へと変形することに対応する．

以下では，VDB 対応とその利用に慣れるために，古典統計力学において知られている双対関係式[6)~9)]をスタビライザー状態の考察から導出する。グラフ G 上のイジング模型に対する VDB 対応の式 (5.6) を変形して

$$\mathcal{Z}_G = \Delta_\circ \left(\bigotimes_{e_{ab} \in V_E} \langle \alpha_{e_{ab}} | \right) \left(\bigotimes_{a \in V} \langle \alpha_a | \right) |\varphi_{\tilde{G}}\rangle$$

$$= \Delta_\circ \left(\bigotimes_{e_{ab} \in V_E} \langle \alpha_{e_{ab}} | H \right) \left(\bigotimes_{a \in V} \langle \alpha_a | H \right) H^{\otimes(|V|+|V_E|)} |\varphi_{\tilde{G}}\rangle$$

$$= \Delta_\circ \left(\bigotimes_{e_{ab} \in V_E} \langle \alpha_{e_{ab}} | H \right) \left(\bigotimes_{a \in V} \langle \alpha_a | H \right) 2^{-|V_E|/2} \sum_{\{s_{e_{ab}}\}} \left(\bigotimes_{e \in V_E} |s_e\rangle \bigotimes_{a \in V} \left| \bigoplus_{e \in \tilde{\mathcal{N}}_a} s_e \right\rangle \right)$$
(5.17)

を得る。ここで，アダマール演算を CNOT 演算の制御量子ビット・ターゲット量子ビットの両方に共役作用させると，制御量子ビットとターゲット量子ビットの役割が入れ替わる

$$H_i H_j \Lambda_{i,j}(X) H_i H_j = \Lambda_{j,i}(X) \tag{5.18}$$

という性質を利用した。式 (5.17) において注目すべきは，スピン変数を担っている量子ビットと相互作用を担っている量子ビットが入れ替わっていることである。$\langle \alpha_{e_{ab}} | H$ と $\langle \alpha_a | H$ を新たに

$$\langle \tilde{\alpha}_e | = \frac{e^{\tilde{\beta} \tilde{h}_e} \langle 0|_e + e^{-\tilde{\beta} \tilde{h}_e} \langle 1|_e}{\sqrt{\left| e^{\tilde{\beta} \tilde{h}_e} \right|^2 + \left| e^{-\tilde{\beta} \tilde{h}_e} \right|^2}} \equiv \langle \alpha_e | H \tag{5.19}$$

$$\langle \tilde{\alpha}_a | = \frac{e^{\tilde{\beta} \tilde{J}_a} \langle 0|_a + e^{-\tilde{\beta} \tilde{J}_a} \langle 1|_a}{\sqrt{\left| e^{\tilde{\beta} \tilde{J}_a} \right|^2 + \left| e^{-\tilde{\beta} \tilde{J}_a} \right|^2}} \equiv \langle \alpha_a | H \tag{5.20}$$

として定義しておく。この結果 VDB 対応における量子状態の内積を他のスピン模型における分配関数として解釈することができる。対応する模型は，$|\tilde{\mathcal{N}}_a|$ 体イジング相互作用を含むハミルトニアン

$$\tilde{H}_G(\{\sigma_e\}) = -\sum_a \tilde{J}_a \bigoplus_{e \in \tilde{\mathcal{N}}_a} \sigma_e - \sum_e \tilde{h}_e \sigma_e \tag{5.21}$$

5.3 VDB 対応と双対性

によって与えられる。この模型における分配関数を $\tilde{\mathcal{Z}}_G$ として，双対関係式

$$\mathcal{Z}_G/\Delta_o = \tilde{\mathcal{Z}}_G/\tilde{\Delta}_o \tag{5.22}$$

を得る。ここでスケール因子 $\tilde{\Delta}_o$ は

$$\tilde{\Delta}_o = 2^{|V_E|} \prod_{e \in V_E} \sqrt{\left|e^{\tilde{\beta}\tilde{h}_e}\right|^2 + \left|e^{-\tilde{\beta}\tilde{h}_e}\right|^2} \prod_{a \in V} \sqrt{\left|e^{\tilde{\beta}\tilde{J}_a}\right|^2 + \left|e^{-\tilde{\beta}\tilde{J}_a}\right|^2} \tag{5.23}$$

それぞれの模型における結合定数の対応は，式 (5.4), (5.5) と式 (5.19), (5.20) の比較から

$$e^{2\beta J_{ab}} = \frac{e^{\tilde{\beta}\tilde{h}_e} + e^{-\tilde{\beta}\tilde{h}_e}}{e^{\tilde{\beta}\tilde{h}_e} - e^{-\tilde{\beta}\tilde{h}_e}} \tag{5.24}$$

$$e^{2\beta h_a} = \frac{e^{\tilde{\beta}\tilde{J}_a} + e^{-\tilde{\beta}\tilde{J}_a}}{e^{\tilde{\beta}\tilde{J}_a} - e^{-\tilde{\beta}\tilde{J}_a}} \tag{5.25}$$

となる。例えば，正方格子上の磁場あり 2 体相互作用イジング模型の分配関数は，図 5.2 にあるように，アダマール変換によってサイトと相互作用に対応する量子ビットの役割が入れ替わり，正方格子上の磁場あり 4 体相互作用イジング模型（2 次元 Z_2 ゲージ模型）に対応する。

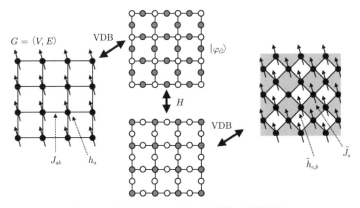

図 5.2 正方格子上のイジング模型の双対関係

以下，開境界条件のグラフ G 上の磁場なし 2 体相互作用イジング模型の場合（$h_a = 0$）を考えることによって双対性[6),7)]を導出する（図 **5.3** 参照）。$\langle \alpha_a | = \langle + |$ となるため，グラフ状態 $\langle \tilde{G} |$ の頂点 V 上の量子ビットをパウリ演算子 X の固有状態へと射影することになる。グラフ状態 $\langle \tilde{G} |$ のスタビライザー演算子の考察から，この射影によって得られる状態のスタビライザー演算子は

$$X_a K_a = \prod_{e \in \delta_a} Z_e \tag{5.26}$$

$$\prod_{e \in \partial f} K_e = \prod_{e \in \partial f} X_e \tag{5.27}$$

と計算される。これは，グラフ G 上で定義された表面符号（4 章を参照）のスタビライザー演算子と同じである。閉じた境界条件を選んでいるので論理演算子の自由度はなく，表面符号のスタビライザー演算子から一意的に状態が定義されることに注意しよう。G 上の表面符号状態を $|\mathrm{SC}_G\rangle$ と書いて，VDB 対応を書き直しておく。

$$\mathcal{Z}_G = \frac{\Delta_\mathrm{o}}{2^{\frac{|V|}{2}}} \left(\bigotimes_{e_{ab} \in V_E} \langle \alpha_{e_{ab}} | H \right) |\mathrm{SC}_G\rangle \tag{5.28}$$

一方，グラフ G 上で定義される表面符号に対してアダマール演算子を作用させると X 型と Z 型のスタビライザー演算子が入れ替わるため，図 5.3 のように双対グラフ G^* 上の表面符号状態 $|\mathrm{SC}_{G^*}\rangle$ へと写される（周期的境界条件の場合は，論理演算子の自由度に関する和をとる必要がある。）。この表面符号は前述の議論から，$\tilde{G}^*$ 上のグラフ状態に対して頂点 V^* 上の量子ビットを $\langle + |$ で射影することによって得られる。これらの事実を用いると

$$\mathcal{Z}_G = \frac{\Delta_\mathrm{o}}{2^{\frac{|V|}{2}}} \left(\bigotimes_{e_{ab} \in V_E} \langle \alpha_{e_{ab}} | H \right) |\mathrm{SC}_G\rangle$$

$$= \frac{\Delta_\mathrm{o}}{2^{\frac{|V|}{2}}} \left(\bigotimes_{e_{ab} \in V_E} \langle \alpha_{e_{ab}} | \right) |\mathrm{SC}_{G^*}\rangle$$

5.3 VDB 対応と双対性

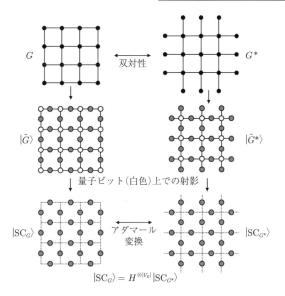

（上段）開境界条件の格子 G とその双対格子 G^* のイジングモデル。
（中段）対応する装飾グラフのグラフ状態。
（下段）サイトに対応する量子ビット上での射影を計算した結果得られる表面符号状態。ここで双対関係はアダマール変換に対応している。

図 **5.3** 双対性の導出

$$= \frac{\Delta_\mathrm{o} 2^{\frac{|V^*|}{2}}}{2^{\frac{|V|}{2}}} \left(\bigotimes_{e_{ab}^* \in V_E^*} \langle \alpha_{e_{ab}^*} | H \bigotimes_{a^* \in V^*} \langle + | \right) |\tilde{G}^* \rangle = \frac{2^{\frac{|V^*|}{2}}}{2^{\frac{|V|}{2}}} \frac{\Delta_\mathrm{o}}{\Delta_\mathrm{o}^*} \mathcal{Z}_{G^*}$$
(5.29)

を得る。ここで $\mathcal{Z}_{G^*}$ は双対グラフ G^* 上の磁場なしイジングモデル

$$H_{G^*}(\{\sigma_{a*}\}) = - \sum_{(a^*, b^*) \in E^*} J_{ab}^* \sigma_{a^*} \sigma_{b^*}$$
(5.30)

の分配関数である（ただし，開境界条件のため境界のスピンは $|0\rangle$ 状態に固定されていることになる）。また

$$\langle \alpha_{e_{ab}^*} | = \frac{e^{\beta^* J_{ab}^*} \langle 0 |_{e_{ab}^*} + e^{-\beta J_{ab}^*} \langle 1 |_{e_{ab}^*}}{\sqrt{\left| e^{\beta^* J_{ab}^*} \right|^2 + \left| e^{-\beta^* J_{ab}^*} \right|^2}} \equiv \langle \alpha_{e_{ab}} | H$$
(5.31)

$$\Delta_o^* = 2^{|V^*|} \prod_{\{a^*,b^*\}\in E^*} \sqrt{\left|e^{\beta^* J_{ab}^*}\right|^2 + \left|e^{-\beta^* J_{ab}^*}\right|^2} \tag{5.32}$$

とした．したがって，グラフ G とその双対グラフ G^* 上の磁場なしイジング模型の分配関数の間には

$$\frac{2^{\frac{|V|}{2}}}{\Delta_o} \mathcal{Z}_G = \frac{2^{\frac{|V^*|}{2}}}{\Delta_o^*} \mathcal{Z}_{G^*} \tag{5.33}$$

なる双対関係が成立する[7]．ここで，二つのイジング模型の結合定数の対応式は，式 (5.4) と式 (5.31) から

$$e^{2\beta J_{ab}} = \frac{e^{\beta^* J_{ab}^*} + e^{-\beta^* J_{ab}^*}}{e^{\beta^* J_{ab}^*} - e^{-\beta^* J_{ab}^*}} \tag{5.34}$$

となる．つまり，一方の低温領域 ($\beta J \to \infty$) が一方の高温領域 ($\beta J \to 0$) に対応する．

特に，グラフ G が正方格子である場合は，グラフ G^* も正方格子となるため，正方格子イジング模型の分配関数の間に成立する関係式である自己双対関係式

$$\frac{2^{\frac{|V|}{2}}}{\Delta_o} \mathcal{Z}_G = \frac{2^{\frac{|V^*|}{2}}}{\Delta_o^*} \mathcal{Z}_{G^*} \tag{5.35}$$

を得る．相転移点は分配関数の非解析性によって特徴付けられるが，もし $\mathcal{Z}_G$ が $\beta J_{ab} = x$ において非解析的であるならば，式 (5.34) から

$$e^{2\beta^* J_{ab}^*} = \frac{e^x + e^{-x}}{e^x - e^{-x}} \tag{5.36}$$

においても非解析的であることになる．相転移点が境界条件によらず一つしかないことを仮定すると，$\beta^* J_{ab}^* = x$ になるはずであり，相転移点は方程式

$$e^{2x} = \frac{e^x + e^{-x}}{e^x - e^{-x}} \tag{5.37}$$

の解 $x = (1/2)\ln(1+\sqrt{2})$ で与えられることがわかる．これはオンサーガー (L. Onsager) による正方格子イジング模型の厳密解と一致する[10]．

以上の双対関係は一般の格子上で定義される 2 体相互作用 q 状態スピン模型 (この場合，先にスピン配位に対応する内積を計算したあとに得られる状態は

量子ディットで定義された表面符号[11),12)] に対応する）にただちに一般化することができる[6)〜9)]。一方，周期的境界条件を採用した場合は，論理演算子の自由度が表れるため $|SC_G\rangle$ はスタビライザー演算子だけからは一意的に決まらない。この場合，論理演算子の効果も考慮に入れ，それに対応する部分の結合強度が変更を受けた複数の分配関数との関係式が導かれる[7),13)]。

5.4　VDB対応とイジング模型の万能性

また，VDB対応では，分配関数がグラフ状態に対する単一量子ビットの射影によって与えられているため，内積を測定型量子計算として操作的に取り扱うこともできる。例えば，2次元正方格子上の磁場ありイジング模型を考えよう。VDB対応により，この模型の分配関数は正方格子 G の各辺に頂点を新たに追加したグラフ $\tilde{G}$ に対するグラフ状態 $|\tilde{G}\rangle$ 上での射影によって与えられるのであった（図 5.4 参照）。$|\tilde{G}\rangle$ が万能量子資源であることを考えると，頂点 $\tilde{V}$ の射影を選ぶことによって，万能量子計算が行える。これは，任意のグラ

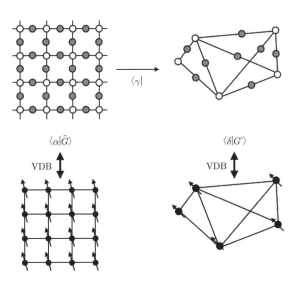

図 5.4　正方格子イジング模型の万能性証明

フ状態 $|\tilde{G}'\rangle$ を出力することができるような部分集合 $M \in \tilde{V}$ 上の射影（測定）$\langle\gamma| \equiv \bigotimes_{i\in M}\langle\alpha_i|$ を選ぶことが可能であることを意味する。この結果，正方格子イジング模型に対する VDB 対応から

$$\mathcal{Z}_G = \Delta_\circ \langle\gamma| \otimes \langle\delta||\tilde{G}\rangle = \Delta'_\circ \langle\delta|\tilde{G}'\rangle \tag{5.38}$$

を得る。ここで $\langle\delta|$ は M 上での射影後に残っている量子ビットに対する射影であり

$$\langle\delta| \equiv \bigotimes_{i\in V | i \notin M}\langle\alpha_i| \bigotimes_{e\in V_E | e \notin M}\langle\alpha_e|H \tag{5.39}$$

である。一方，適切に $\langle\delta|$ と $|\tilde{G}'\rangle$ を選ぶことによって任意の（多体相互作用を含む）イジング模型の分配関数をそれらの内積に対応させることができることはすでに説明した。したがって，適切に選ばれた $\langle\gamma|$ と $\langle\delta|$，つまり，適切に決められた結合定数と磁場の正方格子イジング模型と，グラフ G' 上で定義される任意のパラメータのイジング模型は適当なスケール因子 $\Delta''_\circ$ のもとで等しくなる。

$$\mathcal{Z}_G = \Delta''_\circ \mathcal{Z}_{G'} \tag{5.40}$$

よって，正方格子上のイジング模型上で適切にパラメータを選ぶことによって任意の（多体相互作用を含む）イジング模型の分配関数が再現される。スケール因子 $\Delta''_\circ$ は具体的な $\langle\gamma|$ の選び方（正方格子イジング模型への埋め込み方）を決めることによって効率よく計算できる。

また，量子ビットを $\lceil \log_2 q \rceil$ 個用いて量子ディットをシミュレートすることも可能である。量子ビットにおける万能性は，量子ディットにおけるスタビライザー状態の準備も量子ビット系で行えることを意味する。さらに，量子ディット状態に対する重み付け，$\langle\alpha_v| = \sum_{k=0}^{q-1} e^{J_v(k)}\langle k|$ を行うユニタリ演算（規格化因子を除いて）の存在も万能性から保証される。このため，適切に $\langle\gamma|$ を選ぶことによって，つまり正方格子イジング模型上で適切にパラメータを選ぶこと

によって，任意の q 状態古典スピン模型を正方格子イジング模型に埋め込むことが可能である．この意味で，正方格子イジング模型は万能な模型といえよう．次節では，万能性を有する正方格子イジング模型の分配関数を近似する量子アルゴリズムを紹介する．

5.5 分配関数近似量子アルゴリズム

本節では，これまで見てきた VDB 対応を用いて分配関数の値を近似する量子アルゴリズムを構成する[14]．前節にあったように，適切にパラメータを選ぶことによって任意の q 状態古典スピン模型を正方格子イジング模型に埋め込むことが可能である．したがって，以下で構成される正方格子イジング模型の分配関数を近似する量子アルゴリズムを用いて任意の q 状態古典スピン模型の分配関数を近似することが可能となる．

まず，最初に VBD 対応から自明に構成される定数深さの量子アルゴリズムを導入する．しかし，このアルゴリズムは定数深さであることからもうかがえるように，良い近似にはならない．つぎに，VDB 対応を測定型量子計算として解釈することによって，入力量子ビット数に依存した深さを持つ量子アルゴリズムを構成する．この量子アルゴリズムでは，前述の定数深さ量子アルゴリズムに比べ分配関数の近似精度が指数的に改善される．また，この精度での分配関数の近似が BQP 完全であることも示す．最後に，計算機科学・統計力学分野において最も重要な意味を持つ実数パラメータ領域の分配関数を近似する量子アルゴリズムへの拡張を行う．

5.5.1 定数深さ量子アルゴリズム

まず，VDB 対応を量子回路を用いて書き換えるために，単一量子ビットのユニタリ演算子

$$A_{e_{ab}} = \frac{1}{\sqrt{|e^{\beta J_{ab}}|^2 + |e^{-\beta J_{ab}}|^2}} \begin{pmatrix} e^{\beta J_{ab}} & e^{-\beta J_{ab}} \\ (e^{-\beta J_{ab}})^* & -(e^{\beta J_{ab}})^* \end{pmatrix} \quad (5.41)$$

$$A_a = \frac{1}{\sqrt{|e^{\beta h_a}|^2 + |e^{-\beta h_a}|^2}} \begin{pmatrix} e^{\beta h_a} & e^{-\beta h_a} \\ (e^{-\beta h_a})^* & -(e^{\beta h_a})^* \end{pmatrix} \quad (5.42)$$

を定義する. これらのユニタリ演算子を用いて, テンソル積状態 $\langle \alpha |$ は

$$\begin{aligned} \langle \alpha | &= \langle 0 |^{\otimes |V| + |E|} \left(\bigotimes_{e_{ab} \in V_E} A_{e_{ab}} H \right) \left(\bigotimes_{a \in V} A_a \right) \\ &\equiv \langle 0 |^{\otimes |\tilde{V}|} A \end{aligned} \quad (5.43)$$

と書き換えられ, この単一量子ビットのユニタリ演算をまとめて A で表記する. つぎに, グラフ状態 $|\tilde{G}\rangle$ は, アダマール演算と CZ 演算を用いた定数深さの量子回路 F を用いて初期入力状態 $|0\rangle^{\otimes |\tilde{V}|}$ から準備することができる.

$$|\tilde{G}\rangle = F|0\rangle^{\otimes |\tilde{V}|} \quad (5.44)$$

これらを用いると, VDB 対応は

$$\mathcal{Z}_G = \Delta_\circ \langle 0|^{\otimes |\tilde{V}|} AF |0\rangle^{\otimes |\tilde{V}|} \quad (5.45)$$

と書き換えられる. したがって, ユニタリ演算子 AF の行列要素を評価することができれば, 分配関数の値を得ることができる. ユニタリ演算子 U の行列要素は補助量子ビットと制御 U 演算を用いて構成されるアダマールテスト (図 **5.5** 参照) を用いることになる. 補助量子ビットに対する測定結果 0, 1 を得る確率は

$$p_0 = \frac{1}{2} \left(1 + \mathrm{Re}\langle 0|^{\otimes n} U |0\rangle^{\otimes n} \right) \quad (5.46)$$

$$p_1 = \frac{1}{2} \left(1 - \mathrm{Re}\langle 0|^{\otimes n} U |0\rangle^{\otimes n} \right) \quad (5.47)$$

で与えられるため, n に対して多項式回のアダマールテストを繰り返すことによって, 誤差 $\varepsilon = 1/\mathrm{poly}(n)$ の範囲で行列要素の近似値 $\langle U \rangle_{\mathrm{app}}$ が得られる.

5.5 分配関数近似量子アルゴリズム

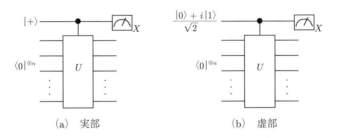

ユニタリ演算子 U の要素 $\langle 0|^{\otimes n} U |0\rangle^{\otimes n}$ が精度の逆数の多項式時間で推定できる.

図 5.5　アダマールテスト

$$\left| \langle 0|^{\otimes n} U |0\rangle^{\otimes n} - \langle U \rangle_{\mathrm{app}} \right| < \frac{1}{\mathrm{poly}(n)} \tag{5.48}$$

この誤差の範囲から外れた近似値を得る確率は指数的に 0 に近い.

制御 AF 演算を用いたアダマールテストを $\mathrm{poly}(|\tilde{V}|)$ 回繰り返すことによって，行列要素 $\langle 0|^{\otimes |\tilde{V}|} AF |0\rangle^{\otimes |\tilde{V}|}$ を誤差 $1/\mathrm{poly}(|\tilde{V}|)$ で近似できる. つまり, スケール因子 Δ_o を含めて分配関数の近似値 $\mathcal{Z}_G^{\mathrm{app}}$ を誤差

$$\left| \mathcal{Z}_G - \mathcal{Z}_G^{\mathrm{app}} \right| < \Delta_\mathrm{o} \epsilon \tag{5.49}$$

で近似する定数深さの量子アルゴリズムが構成された.

近似のスケール因子 Δ_o は量子計算で実現しうる最も良いものであろうか？残念ながら，このような単純に構成した量子アルゴリズムの近似スケール因子は最適なものではない. しかしながら，任意のパラメータのイジング模型（正方格子でなくてもよい）においてこの精度の近似が可能であることが保証される. つぎに，特定のパラメータ領域において測定型量子計算の考え方に基づき，近似スケール因子を指数的に改善する.

5.5.2 測定型量子計算を経由した量子アルゴリズムの構成

サイズ $n \times m$ ($m = \mathrm{poly}(n)$) の正方格子 $G^{n \times m} = (V, E)$ 上のイジング模型を考える. 縦・横方向の辺集合をそれぞれ E^v と E^h として, 縦・横方向のイジング相互作用定数をそれぞれ J_{ab}^v と J_{ab}^h とする. ハミルトニアンは

$$H_{G^{n\times m}}(\{\sigma_a\}) = -\sum_{(a,b)\in E^{\mathrm{v}}} J^{\mathrm{v}}_{ab}\sigma_a\sigma_b - \sum_{(a,b)\in E^{\mathrm{h}}} J^{\mathrm{h}}_{ab}\sigma_a\sigma_b - \sum_{a\in V} h_a\sigma_a \tag{5.50}$$

と書ける。

定義 5.1 （イジング分配関数近似問題） $n\times m$ 正方格子上のイジング模型において，磁場 $\{\beta h_a\}$ と縦相互作用 $\{\beta J^{\mathrm{v}}_{ab}\}$ を純虚数とする。r_{ab} を任意の実数，k_{ab} を任意の整数として横相互作用を $\{\beta J^{\mathrm{h}}_{ab} = r_{ab} + i(k_{ab}+1)\pi/4\}$ とする。イジング分配関数近似問題は上記のパラメータ領域における正方格子イジング分配関数 $\mathcal{Z}_{G^{n\times m}}$ を近似スケール因子

$$\Delta = 2^{\frac{n(m+1)}{2}}\prod_{(a,b)\in E^{\mathrm{h}}}\sqrt{\cosh(2r_{ab})} \tag{5.51}$$

のもとで加法的誤差 $|\mathcal{Z}_{G^{n\times m}} - \mathcal{Z}^{\mathrm{app}}_{G^{n\times m}}| < \Delta/\mathrm{poly}(n)$ で近似する問題とする。

以降で，具体的に量子回路を構成し，この問題が量子計算機を用いて多項式時間で解くことができる問題のクラス BQP に含まれる[†]ことを示す。分配関数を近似する量子回路は，VDB 対応の式における射影をグラフ状態 $|\tilde{G}^{n\times m}\rangle$ 上の測定型量子計算とみなすことによって構成される（図 **5.6** 参照）。

正方格子 $G^{n\times m}$ の行の数に対応した n 量子ビットの量子回路 $\mathcal{C}$ は以下の手順で構成される。

(i) 入力状態を $|0\rangle^{\otimes n}$ とする。

(ii) すべての入力状態に対してアダマール演算 H を作用させる。

(iii) 装飾グラフ $\tilde{G}^{n\times m}$ 上の左の頂点から順に以下の操作 (iv)〜(vi) を右端の頂点まで繰り返す。

(iv) 縦相互作用 $\beta J^{\mathrm{v}}_{ab}$ に対応して，2量子ビット演算 $U_{e_{ab}} \equiv e^{\beta J^{\mathrm{v}}_{ab} Z_i Z_j}$ を i 番

[†] 約束問題の意味で含まれるということ。

5.5 分配関数近似量子アルゴリズム

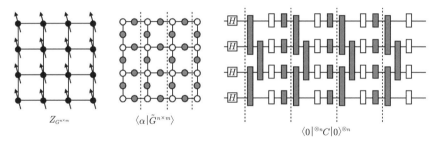

(a) イジング模型 (b) 装飾グラフのグラフ状態とそれを用いた測定型量子計算 (c) 図 (b) に対応する回路型の量子計算

図 5.6 分配関数を近似する量子回路の構成方法

目 j 番目の 2 量子ビットに作用させる。ここで, i と j はそれぞれ頂点 a と b の行番号に対応する ($\beta J_{ab}^{\mathrm{v}}$ は純虚数であるため $U_{e_{ab}}$ はユニタリ演算子である)。

(v) 磁場 βh_a に対応して, ユニタリ演算 $U_a \equiv H e^{\beta h_a Z_j}$ を作用させる。ここで, j は頂点 $a \in V$ の行に対応する (βh_a は純虚数であるので, U_a はユニタリ演算である)。

(vi) 横相互作用 $\beta J_{ab}^{\mathrm{h}}$ に対応して, 単一量子ビット演算
$$U_{e_{ab}} \equiv e^{i(2k_{ab}+1)\frac{\pi}{4}} H e^{i\xi_{ab} Z_j}$$
を作用させる。ただし, $\xi_{ab} \in [-\pi/2, \pi/2]$ は
$$\sin \xi_{ab} = \frac{(-1)^{k_{ab}+1} e^{-r_{ab}}}{\sqrt{2\cosh(2r_{ab})}}$$
を満たす角度である。

この手順に従い構成された量子回路を
$$\mathcal{C} = \left(\prod_{\eta \in \tilde{V}^{n \times m}}^{\rightarrow} U_\eta \right) H^{\otimes n} \tag{5.52}$$

とする。ここで, $\prod_{\eta \in \tilde{V}^{n \times m}}^{\rightarrow}$ は左列から右列に順に積をとるものとした。同じ列上では, 縦相互作用に対応する頂点の積を磁場に対応する頂点よりも先に積

をとる．同じ列上の縦相互作用に対応する頂点どうしは交換するので，順序は問題にならない．このように構成された量子回路 $\mathcal{C}$ は

$$Z_{G^{n \times m}} \propto \langle \alpha | \tilde{G}^{n \times m} \rangle \propto \langle 0 |^{\otimes n} \mathcal{C} | 0 \rangle^{\otimes n} \tag{5.53}$$

なる関係を満たす．これは，射影 $\langle \alpha |$ を測定型量子計算における測定とみなすことによって以下のように示される．

グラフ状態における射影 $\langle \alpha_{e_{ab}} | H = (e^{\beta J_{ab}^{\rm v}} \langle 0 | + e^{-\beta J_{ab}^{\rm v}} \langle 1 |) H / \sqrt{2}$ は

$$\langle \alpha_{e_{ab}} | H_{e_{ab}} \Lambda_{a, e_{ab}}(Z) \Lambda_{b, e_{ab}}(Z) | + \rangle_{e_{ab}} | \tilde{G}^{n \times m} \backslash e_{ab} \rangle = \frac{1}{\sqrt{2}} U_{e_{ab}} | \tilde{G}^{n \times m} \backslash e_{ab} \rangle \tag{5.54}$$

と書き直すことができ，この結果，頂点 e_{ab} を取り除いたグラフ状態 $|\tilde{G}^{n \times m} \backslash e_{ab}\rangle$ に対して $U_{e_{ab}}$ を作用させたグラフ状態が得られることがわかる．また，この射影によって状態のノルムは $1/2$ 倍される．したがって，縦相互作用に対応する射影 $\langle \alpha_{e_{ab}} | H = (e^{\beta J_{ab}^{\rm v}} \langle 0 | + e^{-\beta J_{ab}^{\rm v}} \langle 1 |) H / \sqrt{2}$ はユニタリ演算 $U_{e_{ab}} = e^{\beta J_{ab}^{\rm v} Z_i Z_j}$ に置き換えることができる．

グラフ状態に対する射影 $\langle \alpha_a | = (e^{\beta h_a} \langle 0 | + e^{-\beta h_a} \langle 1 |) / \sqrt{2}$ は，2章にあったように量子状態を単一量子ビットの回転 $U_a = H e^{\beta h_a Z_j}$ とともに右側の量子ビットへと量子テレポーテーションする．したがって，磁場に対応する射影は $\langle \alpha_a | = (e^{\beta h_a} \langle 0 | + e^{-\beta h_a} \langle 1 |) / \sqrt{2}$ はユニタリ演算 $U_a = H e^{\beta h_a Z_j}$ に置き換えられる．

横相互作用に対応する射影には，アダマール演算子 H が余分についている．アダマール演算子を含めた状態は $\sin \xi_{ab} = (-1)^{k_{ab}+1} e^{-r_{ab}} / \sqrt{2 \cosh(2 r_{ab})}$ として

$$\begin{aligned}
\langle \alpha_{e_{ab}} | H &= \frac{[\cosh(\beta J_{ab}^{\rm h}) \langle 0 | + \sinh(\beta J_{ab}^{\rm h}) \langle 1 |]}{\sqrt{\cosh(2 r_{ab})}} \\
&= e^{i(2 k_{ab}+1)\frac{\pi}{4}} \frac{(e^{i \xi_{ab}} \langle 0 | + e^{-i \xi_{ab}} \langle 1 |)}{\sqrt{2}}
\end{aligned} \tag{5.55}$$

と書ける．したがって，磁場の場合と同様に射影 $\langle \alpha_{e_{ab}} | H$ は

5.5 分配関数近似量子アルゴリズム

$$U_{e_{ab}} = e^{i(2k_{ab}+1)\frac{\pi}{4}} H e^{i\xi_{ab} Z_j}$$

に置き換えることができる。

この操作を $\tilde{G}$ の各頂点に左から順に(右端の磁場に対応する射影を除いて)繰り返すことによって量子回路

$$\prod_{a \in V_r} U_a^\dagger \left(\overrightarrow{\prod_{\eta \in \tilde{V}^{n \times m}}} U_\eta \right) \tag{5.56}$$

を得る。ここで,頂点集合 V_r は,正方格子の右端の列上の頂点の集合である。測定型量子計算の入力状態が $|+\rangle^{\otimes n} = (H|0\rangle)^{\otimes n}$ であることと,終状態の読み出しが射影

$$\bigotimes_{a \in V_r} \langle \alpha_a | = \bigotimes_{a \in V_r} (\langle 0 | A_a) \tag{5.57}$$

で行われることを考慮すると

$$\langle \alpha | \tilde{G}^{n \times m} \rangle \propto \langle 0 |^{\otimes n} \mathcal{C} | 0 \rangle^{\otimes n} \tag{5.58}$$

であることが確認される。ただし,$A_a = U_a = H e^{\beta h_a Z}$ であることを用いた。さらに,測定型量子計算において測定結果が完全にランダムに出現することから,射影によって複素振幅は $1/\sqrt{2}$ 倍ずつ減少する。最後の読み出しの n 量子ビットを除いて測定型量子計算のための射影が行われるため,振幅は $2^{-(|V|+|V_E|-n)/2}$ 倍されることになる。この結果,近似スケール因子

$$\begin{aligned}\Delta &\equiv \Delta_\mathrm{o} 2^{-\frac{(|V|+|V_E|-n)}{2}} \\ &= 2^{\frac{|V|}{2}+\frac{n}{2}} \prod_{\{a,b\} \in E^\mathrm{h}} \sqrt{\cosh(2r_{ab})}\end{aligned} \tag{5.59}$$

が計算され

$$Z_{G^{n \times m}} = \Delta_\mathrm{o} \langle \alpha | \tilde{G}^{n \times m} \rangle = \Delta \langle 0 |^{\otimes n} \mathcal{C} | 0 \rangle^{\otimes n} \tag{5.60}$$

を得る。前述のとおり制御 $\mathcal{C}$ 演算によるアダマールテストを用いて行列要素 $\langle 0 |^{\otimes n} \mathcal{C} | 0 \rangle^{\otimes n}$ は多項式精度 $1/\mathrm{poly}(n)$ で近似される。このようにして,構成した量子回路は,分配関数の近似値 $\mathcal{Z}^{\mathrm{app}}_{G^{n \times m}}$ を誤差

$$|\mathcal{Z}_{G^{n\times m}} - \mathcal{Z}_{G^{n\times m}}^{\mathrm{app}}| < \frac{\Delta}{\mathrm{poly}(n)} \tag{5.61}$$

の範囲で計算することができる．これより，イジング分配関数近似問題（定義5.1）を解く多項式時間量子アルゴリズムが構成できた．

5.5.3 イジング分配関数近似問題の BQP 完全性

イジング分配関数近似問題を解く量子アルゴリズムを構成したが，このアルゴリズムが必ずしも古典計算機を凌駕する精度で近似をするということは保証されていない．つぎに，構成した量子アルゴリズムが非自明である証左を得るために，イジング分配関数近似問題（に含まれる問題）が BQP 困難であることを示す．これは，イジング分配関数近似問題が量子計算機で効率よく解くことができる問題（BQP）すべてを解くことと同等，もしくはそれ以上に難しいことを意味する．したがって，量子計算機で効率よく解けるすべての問題が古典計算機で効率よく解けない限り，構成した量子アルゴリズムは古典計算機では模倣ができない計算を行っているといえる．

定理 5.1 （BQP 困難性） 正方格子イジング模型において，横相互作用を $\beta J_{ab}^{\mathrm{h}} = i\pi/4$ とし，縦相互作用を $\beta J_{ab}^{\mathrm{h}} = 0$ もしくは $= i\pi/4$ から選ぶとする．さらに，磁場は，$\{0, i\pi/4, i\pi/8\}$ から選ぶ．このとき，分配関数 $\mathcal{Z}_{G^{n\times m}}$ を近似因子 $\Delta = 2^{n(m+1)/2}$ のもとでの近似 $|\mathcal{Z}_{G^{n\times m}} - \mathcal{Z}_{G^{n\times m}}^{\mathrm{app}}| < \Delta/\mathrm{poly}(n)$ は BQP 困難である．

証明 BQP 困難性であることは，任意の量子回路 U に対して $\langle 0|^{\otimes n} U |0\rangle^{\otimes n} < 1/3$ もしくは $\langle 0|^{\otimes n} U |0\rangle^{\otimes n} > 2/3$ であることが保証されているときに，そのどちらかであるかを有限誤り（bounded error）で決定できればよい．このためには，任意の量子回路 U の行列要素 $\langle 0|^{\otimes n} U |0\rangle^{\otimes n}$ を多項式精度 $1/\mathrm{poly}(n)$ で近似できれば十分である．

以下では，上記のパラメータを適切に選ぶことによって，分配関数の近似値から任意の量子回路 U の行列要素 $\langle 0|^{\otimes n} U |0\rangle^{\otimes n}$ が多項式精度で評価できることを示す．このために，先に構成した量子回路 $\mathcal{C}$ で，任意の量子回路 U が近似でき

5.5 分配関数近似量子アルゴリズム

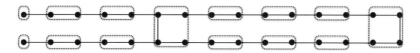

(a) 相互作用と磁場のパラメータ

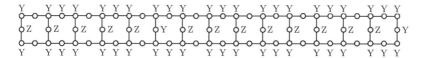

(b) 対応するグラフ状態 $|\tilde{G}^{2\times 15}\rangle$ 上での射影の基底

(c) 射影後に残るレンガ状のグラフ状態の1単位

図 5.7 レンガ状のグラフ状態の構成

ることを示す.まず,$G^{2\times 15}$ を一つの単位として図 5.7 (a) のように相互作用と磁場のパラメータを決める.ただし,縦線がないところは相互作用を $J_{ab}^{y}=0$ としている.点線で囲まれたサイトおよび相互作用にはそれぞれ $h_a = i\pi/4$ および $J_{ab} = i\pi/4$ が配置される.このパラメータは,$|\tilde{G}^{2\times 15}\rangle$ 上で,図 (b) のように射影を行うことに対応し,結果的に図 (c) のようなグラフ状態が得られる.これをレンガ状に敷き詰めることによって,レンガ状 (brickwork) のグラフ状態 $|\mathrm{BW}\rangle$ が得られる.対応する射影を $\langle\gamma|$ と書くとこの操作は以下の式に対応する.

$$\langle\gamma|\otimes\langle\delta||\tilde{G}^{n\times m}\rangle = \Delta_\gamma \langle\delta|\mathrm{BW}\rangle \tag{5.62}$$

ここで,$\langle\alpha| = \langle\gamma|\otimes\langle\delta|$ として $\langle\delta|$ は射影 $\langle\gamma|$ 後に残っている射影である.また,測定型量子計算とみなしたとき結果は完全にランダムに得られるので $\langle\delta|$ に含まれる量子ビットの数 $\#\gamma$ を用いてスケール因子は $\Delta_\gamma = 2^{-\#\gamma/2}$ と計算される.

このレンガ状グラフ状態の上で,磁場 $\beta h_a = 0, i\pi/4, i\pi/8$ に対応する射影はそれぞれ $\langle +|, \langle +|e^{i\pi/4Z}, \langle +|e^{i\pi/8Z}$ であり,これらの射影を用いて万能量子計算が実行できる(ブラインド量子計算と同じ設定である).このため,適切に磁場 $\{\beta h_a\}$ を選ぶことによって射影 $\langle\delta|$ を用いて任意の量子回路 U をソロベイ–キタエフ (Solvay-Kitaev) アルゴリズムの意味で近似できる

$$\left| \langle 0|^{\otimes n} U |0\rangle^{\otimes n} - \Delta_c^{-1} \langle\delta|\mathrm{BW}\rangle \right| < \frac{1}{\mathrm{poly}(n)} \tag{5.63}$$

ここで，スケール因子は $\langle\delta|$ に含まれる量子ビットの数 $\#\delta$ から出力の量子ビット数 n を引いた値から $\Delta_\delta = 2^{-(\#\delta-n)/2}$ と与えられる。

分配関数が

$$\mathcal{Z}_{G^{n\times m}} = \Delta_\circ \langle\gamma|\langle\delta||\tilde{G}^{n\times m}\rangle \tag{5.64}$$

で与えられることと式 (5.62)，(5.63) を用いることによって，分配関数の近似値 $\mathcal{Z}^{\text{app}}_{G^{n\times m}}$ から任意の量子回路 U の行列要素を近似値が得られることが示される。

$$|\Delta^{-1}\mathcal{Z}_{G^{n\times m}} - \langle 0|^{\otimes n} U |0\rangle^{\otimes n}| \leq \frac{1}{\text{poly}(n)} \tag{5.65}$$

ここで，スケール因子は $\Delta = \Delta_\gamma \Delta_\delta \Delta_\circ$ である。 □

以上のように，イジング分配関数近似問題（定義 5.1）の特定のパラメータを選ぶことによって，その分配関数の近似値 $|\mathcal{Z}_{G^{n\times m}} - \mathcal{Z}^{\text{app}}_{G^{n\times m}}| < \Delta/\text{poly}(n)$ を得ることが万能量子計算と同等，もしくはそれ以上に難しいことが示された。一方で，この精度の近似を多項式時間で計算する量子アルゴリズムはすでに構成されている。したがって，イジング分配関数近似問題（定義5.1）は BQP 完全問題である。BQP 完全問題を多項式時間で解くことができる古典アルゴリズムが存在すると，素因数分解問題も多項式時間で解くことができ，また，計算機科学において，もっともらしい，いくつかの予想が否定されることになる。このような意味で，イジング分配関数問題を解く量子アルゴリズムは古典計算機では実現できないであろう計算を実行している可能性が高い。一方，もっと効率がよい量子アルゴリズムを構築することによって，より精度のよい近似ができるだろうか？そもそもアダマールテストで測られる量は 1 より非常に小さい量であり，加法的近似よりも乗法的近似のほうが難しい。しかし，BQP 完全性が示されたパラメータ領域では分配関数を乗法的近似できると，その近似値から条件付き確率分布を計算し，postBQP=PP 定理[15]を用いて，PP 完全問題を解けることになってしまう。PP 完全問題を解けると，間接的に #P 問題も解けることになる。したがって，BQP 完全性が示されたパラメータ領域において分配関数を乗法的近似をすることは #P 困難である[16]。#P 問題や PP 問題は，量子計算に指数的に小さい確率で発生するイベントを好きに選び出せる（事後選択, postselection）という非現実的な仮定を導入したときに初めて解け

る問題のクラスであり，したがって，このパラメータ領域で乗法的近似を行うことは量子計算よりもかなり難しい問題であるといえる．

5.5.4 実パラメータ領域への拡張

イジング分配関数近似問題（定義 5.1）では，結合定数が特定の複素数値をとり，必ずしも一般的な分配関数の計算に利用できるとは限らない．さらに，統計力学や計算機科学（組合せ最適化問題）で重要となる問題の多くは，結合定数が実数値のイジング模型である．ここでは，5.5.2 項で構成した量子アルゴリズムを一般の実数を含んだ複素数パラメータへと拡張する．

一般のパラメータへの拡張で問題になる点は，一般の相互作用定数・磁場の場合，5.5.2 項で行ったように測定型量子計算としてみなした結果，作用する演算子が必ずしもユニタリ演算にはならず，一般的には線形演算として与えられる点にある．このような線形演算をユニタリ演算しか実行できない量子回路で実現する必要がある．以降では，まず補助量子ビットを用いて一般の線形演算を量子回路を用いてシミュレートする方法について説明する．そして，その後，任意のパラメータに対してイジング分配関数を近似する量子アルゴリズムを構成し，その近似精度を計算する．

まず，一般の線形演算子 W について考えよう．特異値分解を用いて $W = DV$ のように対角行列 D とユニタリ演算子 V に分解できる．ユニタリ演算子は量子回路で実装できる．ある基底 $\{|k\rangle\}$ ($k=1,...,d$) が与えられたとき，そのもとでの対角演算子

$$D = \mathrm{diag}(r_1, ..., r_d) \tag{5.66}$$

をシミュレーションする方法について述べる．ただし，対角要素は $r_1 \geq r_2 \geq ... \geq r_d$ の順序に並んでいるものとする．

補助量子ビット $|0\rangle_a$ と d 次元量子系に作用する以下のようなユニタリ演算子 $\tilde{D}$ を考える．

$$\tilde{D} = \sum_{i=1}^{d} |i\rangle\langle i| \otimes \left[\frac{r_i}{r_1} \bigl(|0\rangle\langle 0|_a + |1\rangle\langle 1|_a \bigr) \right.$$
$$\left. + \sqrt{1-\left(\frac{r_i}{r_1}\right)^2} \bigl(-|0\rangle\langle 1|_a + |1\rangle\langle 0|_a \bigr) \right]$$
$$\equiv \sum_{i=1}^{d} |i\rangle\langle i| \otimes Y_a(\theta_i) \tag{5.67}$$

ここで，$Y_a(\theta_i) \equiv e^{-i\theta_i Y_a/2}$ であり，$\theta_i = 2\arccos(r_i/r_1) \in [0,\pi]$ とした。$Y_a(\theta_1) = I$ であり，$\tilde{D}$ は量子ディットを制御 Y 回転のように作用する。d 次元量子系の状態を $|\psi\rangle$ とすると，$|\psi\rangle|0\rangle_a$ に対して，ユニタリ演算子 $\tilde{D}$ を作用させたのち，$\langle 0|$ で射影したときの作用は

$$(I \otimes \langle 0|)\tilde{D}|\psi\rangle|0\rangle_a = \frac{1}{\|D\|}D|\psi\rangle \tag{5.68}$$

となり，係数 $1/\|D\|$（$\|D\|$ は作用素ノルム）を除いて，線形演算子 D を作用させることができる。

この補助量子ビットを用いた線形演算子のシミュレーションに基づいて一般のイジング分配関数の近似量子アルゴリズムを構成しよう。まずはじめに，横相互作用と磁場に対応する射影

$$\langle x| = x_0\langle 0| + x_1\langle 1| \tag{5.69}$$

について考える。$\langle x|$ は具体的に，横相互作用の場合は

$$\langle x| = x_0\langle 0| + x_1\langle 1| \equiv \frac{e^{\beta J_{ab}^{\mathrm{h}}}\langle 0| + e^{-\beta J_{ab}^{\mathrm{h}}}\langle 1|}{\sqrt{\left|e^{\beta J_{ab}^{\mathrm{h}}}\right|^2 + \left|e^{-\beta J_{ab}^{\mathrm{h}}}\right|^2}} H \tag{5.70}$$

そして磁場の場合は

$$\langle x| = x_0\langle 0| + x_1\langle 1| = \frac{e^{\beta h_a}\langle 0| + e^{-\beta h_a}\langle 1|}{\sqrt{|e^{\beta h_a}|^2 + |e^{-\beta h_a}|^2}} \tag{5.71}$$

で与えられる。$\langle x|$ による射影は，$W = \sqrt{2}\mathrm{diag}(x_0, x_1)$ を用いて

$$(\langle x|\otimes I)\Lambda(Z)(|\psi\rangle\otimes|+\rangle)=\frac{1}{\sqrt{2}}HW\,|\psi\rangle \tag{5.72}$$

のように作用する。W を適当なユニタリ演算子 V を用いて $W=DV$ と分解すると，対角演算子

$$D=\sqrt{2}\mathrm{diag}(x_0,x_1)$$

を得る。対角演算子 D は，θ を

$$\theta=2\arccos\left(\left|\frac{x_1}{x_0}\right|^{(-1)^l}\right)$$

として，l を

$$l=\begin{cases}0 & \text{if } \left|\dfrac{x_0}{x_1}\right|\geqq 1 \\ 1 & \text{if } \left|\dfrac{x_0}{x_1}\right|<1\end{cases}$$

として定義される制御 $Y(\theta)$ 演算子 $\Lambda[Y(\theta)]$ を用いて以下のように実現される（図 **5.8** 参照）。

$$\begin{aligned}\frac{1}{\|W\|}HW\,|\psi\rangle &= \langle 0|_2\,H_1 X_1^l \Lambda_{1,2}[Y(\theta)] X_1^l V_1\,|\psi\rangle_1\,|0\rangle_2 \\ &\equiv \langle 0|_2\,Q\,|\psi\rangle_1\,|0\rangle_2 \end{aligned} \tag{5.73}$$

ユニタリ演算子 $H_1 X_1^l \Lambda_{1,2}[Y(\theta)] X_1^l V_1$ をまとめて，Q とした。

つぎに，縦相互作用に対応する射影 $\langle x|=x_0\langle 0|+x_1\langle 1|$ について考える。この場合，線形演算 W は

$$(I_{1,2}\otimes\langle x|_3)\Lambda_{2,3}(Z)\Lambda_{1,3}(Z)(|\psi\rangle_{1,2}\otimes|+\rangle_3)=\frac{1}{\sqrt{2}}W\,|\psi\rangle_{1,2} \tag{5.74}$$

の計算から

$$W=\mathrm{diag}(x_0+x_1,x_0-x_1,x_0-x_1,x_0+x_1)$$

となる。適当なユニタリ演算 V を用いて $W=DV$ なる分解を行うと

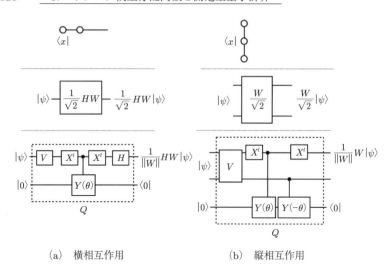

(a) 横相互作用 (b) 縦相互作用

（上段）対応するグラフ状態。
（中段）相互作用のパラメータに基づいて線形演算子 W が与えられる。
（下段）その線形演算子をシミュレートするユニタリ量子回路。

図 5.8 一般のパラメータ領域における量子アルゴリズムの構成法

$$D = \mathrm{diag}(|x_0 + x_1|, |x_0 - x_1|, |x_0 - x_1|, |x_0 + x_1|)$$

となる。前と同様に，l を

$$l = \begin{cases} 0 & \text{if } \left|\dfrac{x_0 + x_1}{x_0 - x_1}\right| \geqq 1 \\ 1 & \text{if } \left|\dfrac{x_0 + x_1}{x_0 - x_1}\right| < 1 \end{cases}$$

として定義し，θ を

$$\theta = 2\arccos\left(\left|\dfrac{x_0 - x_1}{x_0 + x_1}\right|^{(-1)^l}\right)$$

として，制御 $Y(\theta)$ 演算子 $\Lambda[Y(\theta)]$ と制御 $Y(-\theta)$ 演算子 $\Lambda[Y(-\theta)]$，を用いて以下のように実現される（図 5.8 参照）。

5.5 分配関数近似量子アルゴリズム

$$\frac{1}{\|W\|} W |\psi\rangle_{1,2} = \langle 0|_3 X_1^l \Lambda_{2,3}[Y(-\theta)] \Lambda_{1,3}[Y(\theta)] X_1^l V_{1,2} |\psi\rangle_{1,2} |0\rangle_3$$

$$\equiv \langle 0|_3 Q |\psi\rangle_{1,2} |0\rangle_3 \tag{5.75}$$

この場合もユニタリ演算子をまとめて Q とした。以降，縦・横相互作用・磁場の区別は Q の添字によって指定されることにする。

さて，すべて相互作用に対応する線形演算子を補助量子ビットとユニタリ演算子で実現する方法を構成した。構成した量子回路 $\mathcal{C}$ は

$$\mathcal{C} = \bigotimes_{a \in V_r} A_a \left(\prod_{\eta \in \tilde{V} \setminus V_r}^{\rightarrow} Q_\eta \right) \left(H^{\otimes n} \otimes I^{\otimes |\tilde{V} - n|} \right) \tag{5.76}$$

で与えられる。ここで，Q_η は頂点 η が V，E^{h}，E^{v} のどれに対応するかに依存して，上記で構成したユニタリ演算子を対応させる。5.5.2 項で行った議論と同様の議論から

$$Z_{G^{n \times m}} = \Delta_{\circ} \langle \alpha | \tilde{G}^{n \times m} \rangle$$
$$= \Delta \langle 0|^{\otimes |\tilde{V}|} \mathcal{C} |0\rangle^{\otimes |\tilde{V}|} \tag{5.77}$$

を得る。近似スケール因子は

$$\Delta = \Delta_{\circ} \prod_{v \in V \setminus V_r} \frac{\|D_v\|}{\sqrt{2}} \prod_{e \in E^{\mathrm{h}}} \frac{\|D_e\|}{\sqrt{2}} \prod_{e \in E^{\mathrm{v}}} \frac{\|D_e\|}{\sqrt{2}} \tag{5.78}$$

と計算される。縦・横相互作用と磁場のそれぞれにおいて補助量子ビットを必要とするので量子ビットの数は n から $|\tilde{V}|$ に増えている。このようにして定義された $\mathcal{C}$ の行列要素をアダマールテストで推定することによって分配関数が $\Delta/\mathrm{poly}(n)$ の精度で近似される。ここで注意すべきことは，線形演算子のシミュレーションにおいて $\langle 0|$ で射影をすることになっていたので，確率的に線形演算子をシミュレートしていると思うかもしれない（もしそうだとすると指数的に成功確率が小さくなってしまう）。しかし，$\langle 0|$ への射影は，アダマールテストによる行列要素の評価に組み込まれているため，このような心配はなく，構成された量子アルゴリズムは決定論的に分配関数を評価することができる（線形演算子のノルムの影響はスケール因子に取り込まれる）。

このようにして構成された一般のパラメータ領域における量子アルゴリズムの近似精度は，ほとんどすべてのパラメータ領域において $\Delta < \Delta_\mathrm{o}$ を満たす．つまり，5.5.1項で愚直に構成した定数深さ量子アルゴリズムよりもほとんどすべてのパラメータ領域において良い近似を行う．また，Δ が最も小さくなる状況はすべての $\eta \in V \cup E^\mathrm{v} \cup E^\mathrm{h}$ に対して $\|D_\eta\| = 1$ になるときであり，これは定義5.1で指定されたパラメータ領域において達成される．つまり，定義5.1のパラメータ領域のみで測定型量子計算とみなしたときの作用がユニタリ演算子になり，そのときに最も良い精度の近似値を計算できることになる．

引用・参考文献

1) F. Barahona: *On the computational complexity of Ising spin glass models*, J. of Phys. A: Math. and Gen., **15**, 10, 3241 (1982)
2) M. Jerrum, A. Sinclair: *Polynomial-time approximation algorithms for the Ising model*, SIAM J. comput., **22**, 5, pp.1087–1116 (1993)
3) M. Van den Nest, W. Dür and H. J. Briegel: *Completeness of the classical 2D Ising model and universal quantum computation*, Phys. Rev. Lett., **100**, 110501 (2008)
4) M. Van den Nest, W. Dür and H. J. Briegel: *Classical spin models and the quantum-stabilizer formalism*, Phys. Rev. Lett., **98**, 117207 (2007)
5) M. Hein et al.: *Entanglement in Graph States and its Applications*, in Quantum computers, algorithms and chaos: International School of Physics Enrico Fermi, **162** (2006)
6) H. A. Kramers, G. H. Wannier: *Statistics of the two-dimensional ferromagnet*, Phys. Rev., **60**, 252 (1941)
7) F. J. Wegner: *Duality in generalized Ising models and phase transitions without local order parameters*, J. of Math. Phys., **12**, 2259 (1971)
8) F. Y. Wu, Y. K. Wang: *Duality transformation in a many-component spin model*, J. Math. Phys., **17**, 439 (1976)
9) F. Y. Wu: *The potts model*, Rev. Mod. Phys., **54**, 235 (1982)
10) L. Onsager: *Crystal statistics. I. A two-dimensional model with an order-disorder transition*, Phys. Rev., **65**, 117 (1944)

11) A. Y. Kitaev: *Fault-tolerant quantum computation by anyons*, Ann. of Phys., **303**, 1, pp.2–30 (2003)
12) G. Duclos-Cianci, D. Poulin: *Kitaev's Z_d-code threshold estimates*, Phys. Rev. A, **87**, 062338 (2013)
13) F. J. Wegner: *Duality in generalized Ising models*, arXiv:1411.5815 (2014)
14) A. Matsuo, K. Fujii and N. Imoto: *Quantum algorithm for an additive approximation of Ising partition functions*, Phys. Rev. A, **90**, 022304 (2014)
15) S. Aaronson: *Quantum computing, postselection, and probabilistic polynomial-time*, Proc. of the Roy. Soc. of London A: Math. Phys. and Eng. Sci., **461**, 2063 (2005)
16) K. Fujii, T. Morimae: *Quantum commuting circuits and complexity of Ising partition functions*, arXiv:1311.2128 (2013)

6 ブラインド量子計算
（セキュアなクラウド量子計算）

6.1 ブラインド量子計算とは

　量子計算機は巨大で高価なものなので，まず最初は，「クラウド的」に運用されると考えられる．つまり，大企業や国が管理するセンターに量子サーバーが一台設置され，利用者は自宅の端末からそれにアクセスして量子アルゴリズムを走らせるのである．このようなクラウド量子計算において重要な問題となるのが，利用者のプライバシー保護である．利用者は，計算内容や計算の入出力をサーバー側の人間に知られることなく，量子サーバー上で量子計算を実行できるだろうか？

　ブラインド量子計算というのは，そのような，セキュアなクラウド量子計算を可能にする暗号プロトコルである．量子計算機は持っていないが，古典計算機と，量子計算には不十分な小規模な量子デバイス（例えばランダムに偏光した1光子を出すだけのデバイスや，光子の偏光を測定するデバイス等）だけを持つアリスが，完璧な量子計算機を持つボブに，量子計算を依頼するが，アリスのアルゴリズムと入出力はボブに秘密にできるというものである．面白いことに，測定型量子計算を使うと，ブラインド量子計算が非常にシンプルに実現できるのである．

6.2 古典計算機科学におけるブラインド計算

古典の場合の有名な結果として，無条件安全性を要請すると，NP-困難関数はブラインドに計算できないというものがある[1]。また，安全性を計算量的安全性に限定したとしても，暗号化したまま四則演算をする完全準同型暗号が実現可能かというのはRSA暗号の二人，リベスト (R.L. Rivest) とエーデルマン (L. Adleman) により，RSA暗号提唱後から考えられてきている約35年間にわたる未解決問題であった[2]。つい最近（2009年），IBMの研究者ジェントリー (C. Gentry) により完全準同型暗号の問題はようやく解決されたがその方法は非常に複雑であり，実用的ではない[3]。まず，任意回数の加算とある程度の回数の乗算が可能な準同型暗号を構成する。暗号の安全性は暗号文作成の際にノイズを加えることにより保証されているため，多くの演算を行うことができない。そのため，適当なタイミングで復号および暗号化を準同型的に行うというブートストラップというメカニズムが必要になり，いまのところブートストラップを効率的に行う方法は知られていない。量子の設定でも準同型暗号の可能性は研究されており，関数のクラスを限定した場合については準同型計算ができることが示されている[4],[5]。

準同型暗号は非対話でブラインド計算を行うものであるが，対話を利用する一般のプロトコルはセキュア計算と呼ばれ古くから研究されている。例えば，ヤオによる**ガーブル化回路** (Garbled circuit) と呼ばれる方法がある[6]。これは関数を計算する論理回路をガーブル化回路と呼ばれる鍵付き暗号化回路へ変換する方法である。ボブはガーブル化回路を受け取ったのち，計算そのものはボブ自ら実行することができるが，ガーブル化回路の入力となる鍵情報は**紛失通信** (oblivious transfer) プロトコルと呼ばれる暗号プロトコルで事前に交換しておく必要がある。この紛失通信の実現方法はさまざまあるが，一般に計算量理論的な仮定が必要である。ガーブル化回路によるセキュア計算は非効率的と

考えられてきたが，近年の研究によりさまざまな効率的な手法が考案されており，ある程度現実的なプロトコルとなっている。

以上のことを考えても，古典の場合はブラインド計算というのはとても簡単に実現できているとはいい難いものである。ところが，以下でみるように，量子系では，無条件安全なブラインド計算が非常に簡単に行えてしまう。量子鍵配送も，量子になって初めて強力な安全性が得られた。また，素因数分解アルゴリズムも，量子になって初めて高速にできることがわかった。したがって（多少大げさにいえば）ブラインド量子計算は，量子鍵配送，量子計算に次ぐ，第三の「量子効果が役に立つ」プロトコルといえるだろう。

6.3 回路モデルを用いたブラインド量子計算

ブラインド量子計算のプロトコルを最初に提案したのはチャイルズ (A.M. Childs) である[7]。彼のアイデアは回路モデルに基づくものであり，次のようなプロトコルである。簡単のため，1キュービットの量子計算を考えよう（任意の個数のキュービットの量子計算への拡張は同様にできる）。アリスは1キュービット状態 ρ に1キュービットゲート G を作用させたいとしよう。しかしアリスは，ゲートを実現する技術を持たないため，ボブに依頼する。まずアリスは $(p,q) \in \{0,1\}^2$ をランダムに選び，ρ に $X^p Z^q$ を作用させる。そしてそれをボブに送る。ボブは，p,q の値を知らないので，ボブの視点から見たら，受け取った状態は

$$\frac{1}{4}\sum_{p=0}^{1}\sum_{q=0}^{1} X^p Z^q \rho Z^q X^p = \frac{I}{2}$$

となっている。つまり，ボブにとっては自分の持っている状態は完全混合状態であり，そこからはまったくなんの情報も得ることができないのである（このようにして，パウリ演算子をランダムにかけることにより，量子状態を暗号化することを，**量子ワンタイムパッド** (quantum one-time pad) という[8]）。

6.3 回路モデルを用いたブラインド量子計算

ボブはアリスに指定された量子ゲート G を，アリスから受け取った状態に作用させ，それをアリスに返す．量子ゲート G がクリフォードゲートの場合，X, Z と交換するので

$$GX^p Z^q \rho Z^q X^p G^\dagger = X^{p'} Z^{q'} G \rho G^\dagger Z^{q'} X^{p'}$$

となる．アリスが，自分で $X^{p'}, Z^{q'}$ を作用させれば，パウリ演算子をキャンセルできるので，$G\rho G^\dagger$ を得ることができる．このようにして，ボブに計算レジスター ρ についての情報を知られることなく，量子ゲートのみ作用してもらうことが可能となるのである．

クリフォード演算子だけでは任意の $SU(2^n)$ が構成できないので，もしアリスがユニバーサル量子計算を行いたい場合は，クリフォードでない演算も必要である．クリフォードでない演算子はパウリ演算子と交換しないが，アリスとボブで何度か状態をやりとりすることにより，クリフォード演算子の場合と同様にして，ボブにブラインドにゲート演算をさせることが可能であることが示された[7]．

以上説明した方法では，ボブが，ゲート G を知っているため，アリスのプログラムは秘密ではない（計算の入力状態と出力状態は秘密にできる）．プログラムも秘密にするには，ボブはあるユニバーサルゲートの集合（例えば H, T, CZ）を決まった順序で繰り返し作用させることにし，もしボブが必要のないゲートを作用させるときには，アリスは，計算レジスターの代わりにダミーキュービットを送ればよい．

しかし，このチャイルズのプロトコルの大きな欠点は，アリスが，一般には，エンタングルした多キュービット量子状態を保持しておくための量子メモリを持っていなければならないという点である．量子状態をデコヒアーさせることなく長時間保持することは技術的に非常に難しいが，ブラインド量子計算の設定においては，アリスは高い技術を持たない一般の人と仮定されているため，このような要求は望ましいものではない．

回路モデルを用いたブラインド量子計算は他にも提案されている[9),10)]。しかしながら、それらのプロトコルも、アリスに量子メモリや小さなサイズの量子計算機を要求しているという欠点がある。

6.4 測定型量子計算を用いたブラインド量子計算

2009年に、測定型量子計算を用いたブラインド量子計算のプロトコルが、ブロードベント (A. Broadbent)、フィッツシモンズ (J. Fitzsimons)、カシフィ (E. Kashefi) によって提唱された[11)]。彼らのプロトコルは頭文字をとって**BFKプロトコル**と呼ばれている。このプロトコルの非常に革新的なところは、アリスは量子メモリやエンタングルメントを作る量子ゲートがまったく必要ないという点である。実際、アリスが必要なのは、古典 XOR 演算ができる能力(古典のユニバーサルですらない!)と、ランダムに回転した 1 キュービット状態を吐き出す能力だけである。1 キュービット状態を吐き出すようなデバイスは普通に市販されている。

BFK プロトコルの概要は次のようである。まず、図 **6.1** (a) に示すように、アリスはそれぞれランダムに回転した N 個のキュービット $\{e^{i\theta_j Z/2}|+\rangle\}_{j=1}^N$ をボブに送る。ここで

$$\theta_j \in \left\{\frac{k\pi}{4} \,\middle|\, k = 0, 1, ..., 7\right\}$$

($j = 1, ..., N$) はランダムに選ばれた角度である。つぎに、図 (b) に示すように、ボブはアリスから送られてきたキュービットたちを、グラフ $G = (V, E)$ の頂点に並べ、G の各辺に CZ ゲートを作用させる。

$$\Big(\bigotimes_{e \in E} CZ_e\Big)\Big(\bigotimes_{j=1}^N e^{\frac{i\theta_j Z}{2}}\Big)|+\rangle^{\otimes N}$$

CZ ゲートは Z 軸回転と交換するので

$$\Big(\bigotimes_{j=1}^N e^{\frac{i\theta_j Z}{2}}\Big)\Big(\bigotimes_{e \in E} CZ_e\Big)|+\rangle^{\otimes N} = \Big(\bigotimes_{j=1}^N e^{\frac{i\theta_j Z}{2}}\Big)|G\rangle$$

6.4 測定型量子計算を用いたブラインド量子計算

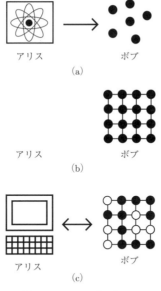

図 6.1 BFK プロトコル

となる。つまり，j 番目のキュービットを θ_j だけ Z 軸周りに回転させたグラフ状態となる。ボブがこのような状態を作ったら，図 (c) に示すように，アリスとボブは二方向古典通信を行う。アリスがもともと実行したい測定型量子計算において，グラフ状態の j 番目のキュービットは基底 $\{e^{i\phi_j Z/2}|\pm\rangle\}$ で測定されると仮定しよう。このとき，アリスはボブに

$$\delta_j \equiv \theta_j + \phi_j + r_j\pi$$

という古典情報を送る。ここで，$r_j \in \{0,1\}$ はランダムにアリスが選んだビットであり，ボブには秘密にしておく。ボブは，彼の状態の j 番目のキュービットを $\{e^{i\delta_j Z/2}|\pm\rangle\}$ 基底で測定し，測定結果をアリスに伝える。アリスは，ボブから得た測定結果をもとに，つぎの測定角度を，自分の古典計算機で計算し，またボブに伝える（図 (c)）。このように，アリスとボブの間で，二方向古典通信を何度も繰返すことにより，測定型量子計算を実行する。

ボブが正直者であり，プロトコルに正しく従った場合，アリスの望む正しい量子計算ができる。これは，**正当性** (correctness) と呼ばれる。実際，ボブが角度 δ_j で測定すると

$$\langle\pm|e^{-i\delta_j Z/2}\Big(\bigotimes_{k=1}^{N} e^{i\theta_k Z/2}\Big)|G\rangle = \langle\pm|e^{-i\phi_j Z/2}\Big(\bigotimes_{k=1, k\neq j}^{N} e^{i\theta_k Z/2}\Big)|G\rangle$$

となるので，ボブは実質的にはグラフ状態 $|G\rangle$ のキュービットを角度 ϕ_j で測定していることになっているため，正しい測定型量子計算を行っている。

また，ボブが邪悪な場合，(量子論に反しない限り)どんなことをしても，アリスのインプット，アウトプット，アルゴリズムは，ボブに漏れないことも証明できる。これを**ブラインドネス** (blindness) と呼ぶ。厳密な証明は文献11)を参照するとして，ここでは証明の直観的アイデアを説明する。アイデアは非常にシンプルであり，上記のプロトコルにおいて，ボブは θ_j を知らないので，$\delta_j = \phi_j + \theta_j + r_j\pi$ からは ϕ_j がわからない，というものである。アリスから受け取った状態 $e^{iZ\theta_j/2}|+\rangle$ を測定すれば，θ_j についての最大1ビットの情報を得る(ホレボ (Holevo) 定理)ではないか，と思うかもしれないが，r_j という新たにアリスにより追加された1ビットのランダムさにより，その情報から ϕ_j を知ることはできないのである。

BFKプロトコルは，2011年10月に，ウィーン大学の実験グループにより，光子の偏光自由度を用いた量子計算機において，4キュービットで実現された[12]。

ブラインド量子計算は，最初はチャイルズのプロトコル等のように，回路モデルで考えられていた。しかし，これまでに説明したように，回路モデルの場合，アリスの技術的負担が大きくなる等の欠点があった。ところが，測定型量子計算を用いると，BFKプロトコルのように，アリスはほとんど古典的技術だけでブラインド量子計算が可能であることがわかった。なぜ，測定型量子計算だとうまくいくのであろうか？その秘密は，2章で述べた，測定型量子計算における「量子・古典分離」なのである。

例えば，つぎのようなストーリーを考えてみよう[13]。アリスとボブが同じ実

験室にいて，測定型量子計算を実行するとする．アリスはボブの背後に立ち，ボブに「このキュービットをこの角度で測定しろ．」と指示する．ボブは，アリスの指示どおりにリソース状態を測定する．アリスは，ボブが測定したら，ボブをハンマーで殴り，ボブの記憶を飛ばす．ボブが目を覚まして起き上がると，アリスはつぎの測定角度をボブに指示し，ボブが測定する．そしてまたアリスはボブを殴る．これを繰り返していくと，最後にアリスは望みの計算結果を得るが，実際に測定したボブは，毎回記憶を飛ばされるので，なにも情報を得ないまま終わる．このストーリーからわかるように，測定型量子計算における，状態の準備，測定という量子的技術が要求される箇所をボブにやらせ，測定結果の古典計算機による処理という古典的操作はアリスが行うのである．アリスはボブに伝えるメッセージをうまく暗号化することにより（この例の場合は単に殴る），ボブに計算の情報を教えることなく測定型量子計算をさせることができるのである．

6.5　2サーバーブラインド量子計算

BFK プロトコルにおいて，アリスはほとんど古典的であるとはいえ，1 キュービット状態を生成しなければならない．完全に古典的なアリス（つまり純粋に古典計算機のみ持つアリス）でブラインド量子計算は可能なのであろうか？アリスとボブの通信が 1 ラウンドであり，完全安全性を要請する場合，$BQP \subseteq NP$ でない限り，それは不可能であることが示された[14]．

しかし，制限を緩め，ボブが二人いて，互いに最大エンタングル状態を共有しているが，互いに通信できないという設定を考えると，アリスは完全に古典的でもよいということがわかっている[11]．このような設定は，量子サーバーが二つあるので，2 サーバーブラインド量子計算と呼ばれる．図 **6.2** のように，ボブ 1 とボブ 2 という二つの量子サーバーがあり，彼らは最大エンタングル状態を共有しているとしよう．ボブ 1 とボブ 2 は互いに通信することが許されてい

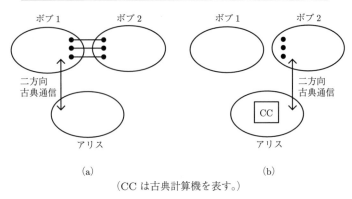

(CC は古典計算機を表す。)

図 6.2 2 サーバーブラインド量子計算

ない。まず，図 (a) のようにアリスはボブ 1 と二方向古典通信を行う。アリスは $\{\theta_j\}_{j=1}^{N}$ をボブ 1 に送る。ただし，各

$$\theta_j \in \left\{ \frac{k\pi}{4} \,\middle|\, k = 0, 1, ..., 7 \right\}$$

はアリスがランダムに選んだ角度である。ボブ 1 は j 番目のベルペアのキュービットを $e^{i\theta_j Z/2}|\pm\rangle$ 基底で測定し，測定結果 $m_j \in \{0,1\}$ をアリスに伝える。アリスは θ_j を $\theta_j + m_j\pi$ に変更する。つぎに，図 (b) のように，アリスはボブ 2 と二方向古典通信を行う。ボブ 2 の手元には $\{e^{i\theta'_j Z/2}|+\rangle\}_{j=1}^{N}$ がある。ただし，$\theta'_j \equiv \theta_j + m_j\pi$。したがって，$\theta_j$ を θ'_j に置き換えた BFK プロトコルをアリスとボブ 2 の間で実行することができる。このようにして，二つの量子サーバーを用いると，アリスは完全に古典的な能力のみで，ブラインド量子計算を遂行することができるのである。

上記の 2 サーバーブラインド量子計算プロトコルにおいては，ボブ 1 とボブ 2 は始めから純粋なベルペアを共有していると仮定している。しかし，実際の実験では，ノイズ等の影響により，ベルペアはデコヒアーしたりして完全なものにはなっていない。多くの不完全なベルペアから，純粋なベルペアを「蒸留」できることが知られている（エンタングルメント蒸留）[15]。しかし，エンタングルメント蒸留においては，ベルペアを共有している二人の間で古典通信を行わなければならない。2 サーバーブラインド量子計算においてはサーバー間で

の通信は禁じられているため，ボブ 1, 2 はアリスを介して，エンタングルメント蒸留に必要な古典情報をやりとりすることになる。しかし，例えば，ボブ 1 が，エンタングルメント蒸留に必要な古典情報に見せかけて，別の情報をアリスに伝えるかもしれない。アリスは，それをそのままボブ 2 に伝えてしまうと，ボブ 1 からボブ 2 へメッセージを送れたことになり，2 サーバーブラインド量子プロトコルの安全性はもはや保障されない。安全性を担保したまま，2 サーバーブラインド量子計算においてエンタングルメント蒸留を行うことは可能なのであろうか？それが可能であることが，文献16) において証明された。

2 サーバーブラインド量子計算の設定においては，二つのサーバーはベルペアをシェアしているのに，古典通信がまったく許されない，ということを仮定している。そのような仮定は多少人工的ではないか，と思うかもしれない。しかし，例えば，つぎのようなストーリーを考えてみると，このような仮定は現実的であることがわかる。将来，いくつかの会社が量子計算機を作り，量子計算機のレンタルサービスを開始するだろう（図 6.3）。アリスもしくは信頼できる第三者機関 (F) が各会社にベルペアを送る。アリスは，その中の二社，例えば A 社と B 社を選んで，量子計算を依頼したとしよう。A 社は，アリスの個人情報を得たいと思っているので，アリスが依頼したもう一社はどれか知ろうとする。そのために，A 社は各社に電話で，「アリスに依頼された？」と聞いて回る。しかし，もし A 社が間違って，アリスが依頼していない会社 C 社に電話し

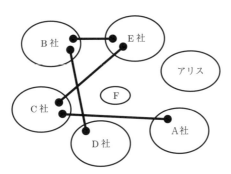

図 6.3　いくつかの会社が量子計算機レンタルサービスを開始する。

たとすると，C社は，A社が，アリスの個人情報を得ようとしているという証拠を得ることになる．C社がそれを公表すれば，A社の信用は地に落ち，もう二度と量子計算機サービスの仕事はできなくなってしまう．量子計算機を作り，維持するのは非常に大きな投資であるので，だれも，このようなリスクは犯したくない．したがって，二社の間で古典通信することはありえないと期待できるのである．

6.6　AKLTブラインド量子計算

BFKプロトコルは，グラフ状態を用いた測定型量子計算を使用していたが，2章で述べたように，グラフ状態以外にも多くのリソース状態がある．そこで，グラフ状態以外のリソースでもブラインド量子計算ができるかどうかという問題を考えるのは自然である．

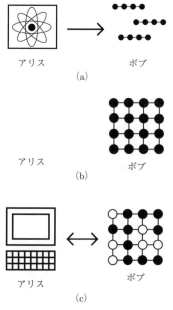

図 **6.4**　AKLT状態を用いたブラインド量子計算

例えば，AKLT 状態でもブラインド量子計算ができることが示された[17]。図 6.4 のように，アリスがランダムに回転した 4 キュービット状態をボブに送り，ボブは PEPS 射影子を用いて AKLT を作る。その後は二方向古典通信をやりとりすることによりブラインド量子計算が遂行できる。

6.7　トポロジカルブラインド量子計算

量子計算機はノイズに弱いため，なんらかの誤り耐性を付け加えなければならない。BFK プロトコルはユニバーサル量子計算がブラインドにできるので，もちろん，誤り耐性量子計算もブラインドにできる。したがって，BFK プロトコルは原理的には誤り耐性がある。しかし，彼らの論文ではエラー閾値が明確に計算されておらず，また，実際計算したとしても値はそれほど高くない。

4 章で説明したトポロジカル量子計算をブラインドにできることが示された[18]。プロトコルの概要を図 6.5 に示す。BFK プロトコルのように，アリスはボブに，ランダムに回転した 1 キュービット状態を送る。ボブは，その 1 キュービット状態たちに CZ ゲートを作用させ，図 (b) のような，RHG 格子の各キュービットにさらに 2 キュービットクラスター状態がくっついたようなグラフ状態

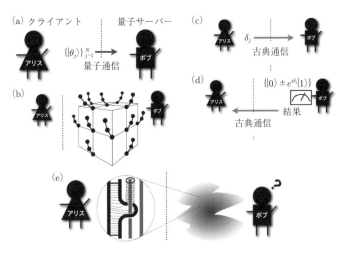

図 6.5　トポロジカルブラインド量子計算

を作る．あとは，BFK プロトコルのように，アリスとボブで二方向古典通信を行い，測定型量子計算を行う．このようにして，トポロジカル量子計算がブラインドに実行できる．また，エラー閾値（これ以下のエラーならば量子計算ができる，という閾値）を計算してみたところ，4.3×10^{-3} になることがわかった．通常のトポロジカル量子計算機のエラー閾値は 7.5×10^{-3} であるので，それほど違わないということがわかる．つまり，閾値をそれほど損なうことなくトポロジカル量子計算をブラインド化できるのである．10^{-3} のオーダーのエラーの量子ゲートはすでにイオントラップ等で実現されていることを考えると，この閾値はそれほど非現実的な値ではない．

6.8 連続変数ブラインド量子計算

2 章で述べたように，測定型量子計算は連続変数系にも拡張できる．連続変数系での測定型量子計算においても，ブラインド量子計算が可能であることが示された[19]．連続系の場合，有限スクイーズ効果が計算精度を下げてしまうことが知られているが，それはブラインド量子計算の安全性には影響しないことが確認された．

6.9 コヒーレント状態を用いたブラインド量子計算

BFK プロトコルは，1 キュービット状態を吐き出すマシンさえあればいい，という点でアリスは「ほとんど古典的」であった．しかし，「完全に古典的」ではない．とりわけ，1 光子状態を作るのは実験的に簡単ではないため，アリスの負担をもっと減らせないだろうかという疑問が生じる．

実際，文献20) において，アリスが 1 光子状態の代わりに，コヒーレント状態をボブに送ってもブラインド量子計算が可能であることが示された．コヒーレント状態は 1 光子状態よりもより「古典的」と考えられているので，アリスが持たなければいけないマシンがより古典的になったと考えることができる

6.9 コヒーレント状態を用いたブラインド量子計算

(ただ，彼らの方法では，アリスの負担を減らした代わりに，ボブが，光子数の非破壊測定という，現在の技術では難しい操作を必要とするようになってしまう)。

このコヒーレント状態を使ったブラインドプロトコルについて説明する。まず，アリスは，位相をランダム化したコヒーレント状態

$$\rho_\sigma = \sum_{k=0}^{\infty} p_k |k\rangle\langle k|_\sigma$$

を生成する。ただし

$$p_k = \frac{\alpha^{2k}}{k!} e^{-\alpha^2}$$

である。偏光 σ は $\{0, \pi/4, 2\pi/4, 3\pi/4, ..., 7\pi/4\}$ の中からランダムに選ぶ。このようなコヒーレント状態をボブに N 個送る（各 σ は相関なく独立に選ぶ）。アリスとボブを結ぶ量子通信路の透過率を T とすると，ボブが受け取る状態は

$$\rho_\sigma^T = \sum_{k=0}^{\infty} p_k^T |k\rangle\langle k|_\sigma$$

となる。ただし

$$p_k^T = \frac{T^k \alpha^{2k}}{k!} e^{-T\alpha^2}$$

である。ボブは各コヒーレント状態に対し，光子数の非破壊測定をし，N 個の光子数と光子数状態の組

$$\{k_i, |k_i\rangle_{\sigma_i}\}_{i=1}^{N}$$

を得る。ボブは各 k_i をアリスに報告する（ただし，$k_i \geqq 3$ の場合は，2と報告する）。ここで，以下の議論のため，つぎの量を定義しよう。アリスが N 個のコヒーレント状態をボブに送り，ボブがそれらについて光子数非破壊測定した結果

- 0 個の光子を得た回数 $= M_0$
- 1 個の光子を得た回数 $= M_1$

- 2 個以上の光子を得た回数＝M_2

とする。また，ボブがアリスに向かって

- 0 個の光子を得た，と報告した回数＝N_0
- 1 個の光子を得た，と報告した回数＝N_1
- 2 個の光子を得た，と報告した回数＝N_2

とする。もし，ある正のパラメタ Δ に対し

$$\frac{N_0}{N} \geqq p_0^T + \Delta$$

であるならば，ボブに悪意がある可能性があるので，アリスはプロトコルを中止する。もし

$$\frac{N_0}{N} < p_0^T + \Delta$$

であれば，プロトコルを続行する。

　プロトコルを続行する場合，まず，ボブは $k_i = 0$ の状態を捨てる。また，$k_i > 1$ のものについては 2 光子だけ残し，他の光子は捨てる。このようにしたとき，ボブは合計 n 個の光子を持っているとしよう（2 光子状態は同じ偏光を持つ二つの 1 光子状態として扱う）。つぎにボブはこれら n 個の光子を一列に，得た順番どおりに，左から並べる。そして，隣接の光子に $CZ(H \otimes I)$ をかけることによりエンタングルした 1 次元鎖を作る。そしてボブは左から順番に，一番右端の光子を除いて，すべて X 基底で測定し，測定結果をアリスに伝える。このようにして最後に残った 1 光子の偏光 η は

$$\eta = \sum_{l=1}^{n} (-1)^{t_l} \sigma_l$$

となっている。ただし

$$t_l = \begin{cases} \sum_{j=l}^{n-1} s_j & (l < n) \\ 0 & (l = n) \end{cases}$$

6.9 コヒーレント状態を用いたブラインド量子計算

である。また，$s_j = 0, 1$ は j 番目の光子の測定結果である。つまり，もし，ボブが測定した光子たちのうち，どれか一つでも偏光 σ_j がわからなければ，η もわからない，ということになる。このようにして，ボブに，偏光のわからない光子を一つ持たせることができた。以上を繰り返せば，ボブに，偏光のわからない光子を大量に持たせることができ，そこから，BFK プロトコルを実行することができるのである。

正しいブラインド量子計算が実現できるためには
(1) 本当はボブは正直なのに，アリスがプロトコルを中止するようなことはないのか？
(2) ボブがなにをしても，本当にアリスの情報はボブに漏れないのか？
を確認しなければならない。

まず (1) から考えよう。もしボブが正直者であれば，もちろん $N_0 = M_0$ である。このとき，ヘフディング (Hoeffding) の不等式により

$$Pr\left[\frac{M_0}{N} - p_0^T \geqq \Delta\right] \leqq e^{-2\Delta^2 N}$$

となる。したがって，パラメタ Δ を適切にとれば，正直者のボブをリジェクトしてしまう確率は N の指数関数的に小さくなる。

つぎに (2) を考えよう。まず，ボブが正直者の場合，再びヘフディングの不等式により

$$Pr\left[\frac{M_1}{N} - p_1^T \geqq \Delta\right] \leqq e^{-2\Delta^2 N}$$

となるので，十分大きな N に対し，ボブはほぼ 1 の確率で少なくとも 1 回は 1 光子状態を得る。そうすると，これまで述べたように，ボブは η を知ることはできない。つぎにボブが邪悪な場合を考えよう。ボブが邪悪な場合，$N_0 = M_0$ とは限らない。邪悪なボブはどうしたら η を知ることができるだろうか。もし光子数が 0 だったら，アリスには 0 個と報告しなければならない。そうでないと，不明な偏光 σ_i が η に寄与してしまうので η がわからなくなってしまうからである。同様の理由から，もし光子数が 1 の場合，アリスには 0 個と報告し

なければならない。つまり

$$N_0 \geqq M_0 + M_1$$

である。いい方を変えれば，ボブはアリスに 0 光子の回数を実際より多く報告することになる。ボブがこのようなことができるためには

$$\frac{M_0 + M_1}{N} < p_0^T + \Delta$$

が成り立たないといけない。しかし，これが成り立つ確率はヘフディングの不等式より

$$Pr\left[\frac{M_0 + M_1}{N} \leqq p_0^T + \Delta\right] = Pr\left[\frac{M_2}{N} - q_2^{T'} \geqq 1 - p_0^T - \Delta - q_2^{T'}\right]$$
$$\leqq e^{-2\tilde{\Delta}^2 N}$$

ただし

$$\tilde{\Delta} = 1 - p_0^T - \Delta - q_2^{T'}$$
$$q_2^{T'} = 1 - p_0^{T'} - p_1^{T'}$$

である（ここで，T ではなく T' となっているのは，邪悪なボブが量子通信路を別のものに取り替える可能性があるから）。

1 光子状態を用意する方法としてメジャーなものに，弱コヒーレントパルスを使う方法がある。つまり，十分強度を弱めたレーザー光を使うのである。この場合，ある確率で 2 光子以上出てしまうこともあり，これは例えば，量子鍵配送（QKD）においては，イブの photon number splitting (PNS) 攻撃の標的になってしまうが，BFK プロトコルにおいても，セキュリティの脅威になる。しかし，ここで示したような方法を使えば，アリスがコヒーレント状態を送っていると確証できる場合は，2 光子以上出てしまうことを気にせずに，BFK プロトコルが実行できる（コヒーレント状態がちゃんと生成されているのかが確証できない場合は，安全性は保証されない。これは**デバイス独立性** (device-independence) というものに関係しており，つぎの 6.10 節で述べる）。

6.10 アリスが測定するブラインド量子計算

これまで述べたプロトコルはすべて，アリスがなんらかの状態を作って，ボブに送るというものであった．しかし，いくつかの実験系（例えば，量子光学系）などでは，状態を生成するよりも，測定するほうが楽な場合がある（例えば，1光子を生成するよりも，閾値型検出器 (threshold detector) で多数の光子の偏光を測定するほうが楽である）．アリスが測定器だけ持っているときも，ブラインド量子計算はできるのであろうか？これが可能であれば，ブラインド量子計算においてアリスの負担をさらに軽減することができる．

じつはこれが可能であることが示された[13]．つぎのようなプロトコルを考えよう（図 **6.6**）．まず，ボブがリソース状態 $|G\rangle$ を作る（図 (a)）．つぎに，アリスにそのリソース状態の各粒子を一つずつ送る．アリスはそれぞれの粒子を測

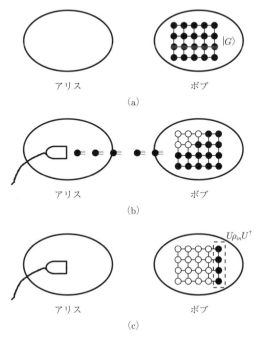

図 **6.6** アリスが測定するブラインド量子計算

定する（図 (b)）。もし，ボブが正直者であれば，ボブは正しいリソース状態を最初に作るので，アリスは最後には望みの量子計算の結果 $U\rho_{in}U^\dagger$ を得る（図 (c)）。したがって，正当性は保証された。

一方，邪悪なボブがなにをしても，アリスの秘密を得ることができない（すなわち，ブラインドネス）ことも証明できる。面白いことに，ブラインドネスは **no-signaling 原理** という概念から証明できる。no-signaling 原理というのはつぎのようなものである。図 **6.7** のように，アリスとボブがある系を共有しているとしよう。この系は古典系でも，量子系でも，あるいは超量子系でもよい。また，アリスはボブにメッセージを送ることはできないと仮定する。直観的には，no-signaling 原理とは，アリスが自分の系にどんな操作をしても，共有している系を使ってボブにメッセージを送ることはできない，というものである。数学的に述べるとつぎのようである（図 6.7）。アリスは自分の系に測定 x もしくは測定 x' を行う。ボブは自分の系に測定 y をして b という値を得たとしよう。このとき，no-signaling 原理とは

$$\Pr(b|x) = \Pr(b|x')$$

である。ただし，$\Pr(b|x)$ はアリスが測定 x をしたときにボブの測定結果が b である条件付確率分布である。つまり，アリスが測定の種類を変えても，ボブの測定結果には影響しないということである。

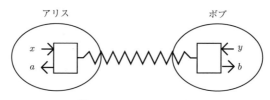

図 **6.7** no-signaling 原理

例えば，アリスとボブがベルペアを共有している場合，アリスが自分の持っているキュービットにどんな操作をしてもボブの状態は I のままで変わらないので，ボブに情報を伝えることはできない。no-signaling 原理は量子論より

広い概念であることが知られている（図 **6.8**）。例えば，Popescu-Rohlich box (PR box, non-local box) と呼ばれる，量子論を破るほどの強い相関を持つが，no-signaling 原理は破らない系のモデルが考えられている[21]（そうすると，量子論は，no-signaling 原理のみでは決まらないということであり，no-signaling 原理のほかにどのような要請により量子論が導出されるのかというのが最近問題になっている。例えば，information causality[22] という要請をおいたり，通信量複雑性がトリビアルにならないという要請[23] をおいたりすると，量子論が導出できることが知られている）。

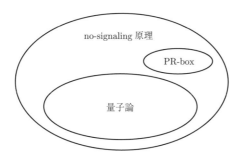

図 **6.8** no-signaling 原理と量子論の関係

邪悪なボブが正しいリソース状態 $|G\rangle$ の代わりに変な状態を作り，その一部をアリスに送ったとしよう。アリスはそれを，なにも知らずにリソース状態 $|G\rangle$ だと思って測定する。しかし，ボブがどんな状態を送ろうとも，アリスの情報は漏れない。なぜならば，もしアリスが自分の持っている系を測定して，それによりボブの持っている系になにか変化が出て，ボブがその変化を測定することにより，なにか情報を得たとしたら，それは no-signaling 原理に反するからである。

このアリスが測定するブラインド量子計算プロトコルは，BFK プロトコルに比べていくつかメリットがある。一つ目は，乱数発生装置が必要ないということである。完璧な乱数を発生させるのは難しいので，アリスが乱数を発生しなくてもいい，というのはアリスの負担を軽減することになる。

二つ目は，安全性がデバイス独立だということである。このデバイス独立性というのは量子鍵配送で重要な概念であるが，簡単にいうと，暗号プロトコル

に使う装置をユーザーがチェックしなくてもよい，ということである．例えば，量子鍵配送においてアリスとボブは自分たちが使う装置をメーカーから買うかもしれない．しかし，そのメーカーは盗聴者イブの息のかかったメーカーかもしれず，その場合，装置は正しく動作せずに，アリスとボブの秘密を外部に漏洩させてしまうかもしれない．したがって，アリスとボブは，装置が正しく動作しているかどうかを検証しなければならないが，一般にはアリスとボブは高い技術や知識を持たない人たちであると仮定するため，そのような検証する技術や知識を要求するのは望ましくない．安全性がデバイス独立であることが保証されている場合，アリスとボブは装置を検証しなくても，ある条件（量子鍵配送の場合はベルの不等式の破れ等）が満たされていることだけを確認すれば，安全性が担保されるのである[24]）．

ブラインド量子計算の場合，アリスは，装置をボブの息のかかった会社から買うかもしれないが，アリスは高い技術や知識を持たない一般市民なので，装置を検証する能力はない．したがって，デバイス独立であることがいえれば，アリスがそのような検証をしなくてもブラインド量子計算の安全性が担保されることになり非常に喜ばしい．BFKプロトコルはデバイス独立ではない．なぜならば，もし1キュービット状態 $|\theta\rangle$ を吐き出すデバイスがじつは100キュービットの同じ状態 $|\theta\rangle^{\otimes 100}$ を吐き出しているとしよう．アリスはデバイスを検証しなければそれに気づかないので，正しく1キュービット状態が吐き出されていると仮定してプロトコルを進めてしまう．ところが，ボブは100キュービットのうち99個をこっそり測定することにより，θ についての情報を得ることができ，したがって，アリスの秘密がボブにばれてしまう．コヒーレント状態を使ったブラインド量子計算プロトコルも同様の理由によりデバイス独立ではない．例えば，アリスのデバイスがコヒーレント状態 ρ の代わりに，$\rho \otimes |\theta\rangle^{\otimes 100}$ という状態を吐き出していたら，もはや安全ではない．一方で，アリスが測定するプロトコルはデバイス独立である．なぜなら，no-signaling 原理により，アリスのデバイスがどんな動作をしてもボブはなんの情報も得られないからである．

三つ目の利点は，安全性証明が，シンプルであり，しかも no-signaling 原理

に基づいているという点である。no-signlaing 原理は量子論より広い概念なので，将来もし量子論が破れても，no-signaling 原理さえ正しければ，このプロトコルの安全性は保証される。

四つ目は，どのリソース状態（クラスター，AKLT，トポロジカル等）も使えるということである。しかも，ブラインド化するのは簡単なので，そのリソース状態の持つメリットがそのままブラインド量子計算でも使える。例えば，AKLT状態を使った場合，ボブは，自分の持っているリソースをエネルギーギャップで守ることができるし，もし文献25) の状態を使った場合，ボブは自分の持っているリソース状態を，基底状態ではなく，有限温度の熱平衡状態にしてもいいことになる。

6.11　量子計算の検証

ここまで説明したブラインド量子計算プロトコルは，二つの重要な条件を満たしていた。

- 正当性: もしボブが正直者で，正しくプロトコルに従った場合，アリスは正しい量子計算を行うことができる。
- ブラインドネス: ボブが邪悪でも，ボブはどんなことをしてもアリスの秘密を知ることはできない。

しかし，これまで触れてこなかった，**検証可能性** (verifiability) というもう一つ重要な条件がある。

- 検証可能性: アリスは計算結果が正しいか検証することができる。

この検証可能性は理論的にも，実用的にも重要である。

まず，次の 7 章で詳しく述べるように，この検証可能性というのは計算量理論において重要な概念である対話型証明と密接に関連しているため，計算機科学の基礎にとって重要である。また，ブラインド量子計算を実用上使う上でも重要である。なぜなら，もしこの条件がないと，ボブが邪悪な場合，彼はブラインドネスによりアリスの秘密を知ることはできないがアリスの計算内容を改ざ

んすることはできてしまう。例えば，ボブは，本当は量子計算機を持っていないが，量子計算機を持っていると偽ってアリスからお金だけ騙し取ろうとするかもしれない。このようなときに，アリスは莫大なお金を払っているので，ボブが正しく量子計算をしているのかどうか確認したいであろう。もし検証可能性が満たされれば，アリスはこのような場合にボブに騙されることなく安心してクラウド量子計算サービスを利用することができる。

量子認証[26]のアイデアを使うことにより，検証可能なブラインド量子計算が実現できることが示された[27]。量子認証というのは，次のようなものである。アリスがボブに量子状態を送りたいとしよう。しかし，量子状態がチャンネルを通っている間に，悪者であるイブが状態を変えてしまうかもしれない。ボブは，受け取った状態がイブにより改変されていないことを確かめることができるだろうか？それを可能にするのが量子認証プロトコルである。量子認証プロトコルを使えば，ボブは，受け取った量子状態がもしイブによって改変された場合はそれを受け入れる確率を非常に低くできるのである。

量子認証の最も簡単なプロトコルは**クリフォード量子認証**と呼ばれるものである。まず，アリスは自分の m-キュービット状態 $|\psi\rangle$ にアンシラ $|0\rangle^{\otimes d}$ をくっつける。つぎに，ランダムな $m+d$ キュービットクリフォードゲート C_k をかける。

$$C_k(|\psi\rangle \otimes |0\rangle^{\otimes d})$$

アリスはこれをボブに送る。ボブはアリスから届いた状態に $C_k^\dagger$ をかけ，アンシラ部分を Z 基底で測定する。もし，-1 が出たら，アンシラが変化したということなので，送信中にイブによって干渉があったと結論付け，状態を受理しない。

イブのアタックを $\mathcal{E}$ とすると，ボブが受け取ったときの状態は

$$\mathcal{E}C_k(|\psi\rangle \otimes |0\rangle^{\otimes d})$$

である。ランダムにかけたクリフォードのおかげで，任意のエラーはランダムパウリエラーで書け，よって，ボブが $C_k^\dagger$ をかけた直後の状態は

$$\rho_o = s\rho_i + (1-s)\frac{1}{4^n-1}\sum_{P \neq I} P\rho_i P^\dagger$$

と書ける。ただし $\rho_i \equiv |\psi\rangle\langle\psi| \otimes |0\rangle\langle 0|^{\otimes d}$。したがって，ボブがアンシラをチェックしてもなにも問題がなかったときに，アリスの状態が $|\psi\rangle$ から変化している確率は

$$\mathrm{Tr}(P_\perp \rho_o) \leqq 2^{-d} \tag{6.1}$$

となり，指数関数的に小さくなるのである。ただし

$$P_\perp \equiv (I - |\psi\rangle\langle\psi|) \otimes |0\rangle\langle 0|^{\otimes d}$$

このようにして，ボブは，イブにより改変された状態を誤って受け入れてしまう確率を指数関数的に小さくすることができるのである。

6.11.1 Fitzsimons-Kashefi のプロトコル

フィッツシモンズとカシフィは，この量子認証のアイデアを使い，検証可能なブラインド量子計算プロトコルを提案した[27]。このプロトコルは FK プロトコルと呼ばれている。アリスは N 個のキュービットをボブに送る。そのうち，$N - N_T$ 個は $|+_\theta\rangle$ の形で，N_T 個は $|0\rangle$ か $|1\rangle$ である。ボブはすべてのキュービットの間に CZ をかける。二つのキュービットのうち，少なくとも一つが $|0\rangle$ か $|1\rangle$ だとすると，CZ はエンタングルメントを作らない。したがって，すべての CZ をかけ終わったあとにボブが持っている状態はあるグラフ状態と，孤立したキュービットたちである。このグラフ状態で観測型量子計算を行い，孤立したキュービットたちはトラップとして使う。ボブが，アリスの状態を変えるために，系に干渉したとする。ある一つのキュービットを触ったときにそれがトラップでない確率は

$$\frac{N - N_T}{N} = 1 - \frac{N_T}{N}$$

である。したがって，アリスに気づかれないようにボブが計算レジスターの状

態を変えられる確率はおおまかにいって $1 - N_T/N$ である。

アリスは，自分の行いたい量子計算を，距離 d までのエラーを検出できる量子誤り訂正符号でエンコードしているとしよう。すると，ボブがアリスの計算レジスターの状態を変えるには，$d+1$ 個以上のキュービットを触らなければいけない。このときに，トラップにまったく触れない確率，すなわち，ボブがアリスに気づかれないで計算レジスターの状態を変えることができる確率は

$$\left(\frac{N-N_T}{N}\right)^{d+1} = \left(1 - \frac{N_T}{N}\right)^{d+1}$$

である。このようにして，アリスがボブに騙される（すなわち，間違った結果を受理してしまう）確率を指数関数的に小さくすることができる。

6.11.2 アリスが測定するブラインド量子計算における検証

アリスが測定するブラインド量子計算プロトコルにおいても検証が可能である[28]。まず，図 **6.9** (a) のように，ボブはリソース状態 $|G\rangle$ を作る。つぎに，ボブは各キュービットを一つずつアリスに送り，アリスは測定をする（図 (b)）。これによりアリスは状態 $\sigma_q|\Psi_P\rangle$ をボブのところに作る（図 (c)）。ここで，σ_q は副次的なパウリ演算子

$$|\Psi_P\rangle = P(|R\rangle \otimes |0\rangle^{\otimes N} \otimes |+\rangle^{\otimes N})$$

P は $3N$ キュービット置換演算子，$|R\rangle$ は N キュービットリソース状態である。最後に，ボブは $\sigma_q|\Psi_P\rangle$ の各キュービットを一つずつアリスに送り，アリスはそれらを測定する。もし $|R\rangle$ のキュービットが届いた場合は $|R\rangle$ 上で望みの測定型量子計算を行い，もし $|0\rangle$ や $|+\rangle$ が届いた場合は，それらを Z もしくは X 基底で測定し，状態が変化していないことを確認する。もし変化していた場合は，ボブが正しくプロトコルに従っていないとして，プロトコルを中止する。もし，すべてのトラップが変化していなかったら，アリスは $|R\rangle$ 上で行った計算結果を受理する。トラップがすべて変化していないにも関わらず，アリスが

6.11 量子計算の検証   157

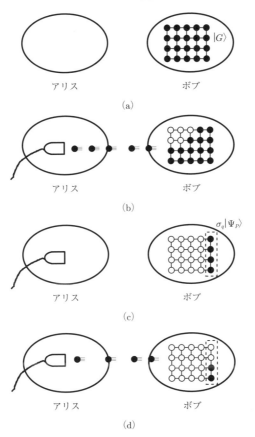

図 6.9 アリスが測定するブラインド
量子計算プロトコルにおける検証

正しくない結果を受理する確率は $(2/3)^d$ 以下であることが示される[28]。ただし，d はアリスが $|R\rangle$ 上で行う測定型量子計算が量子誤り訂正符号でエンコードされたときのコード距離である。

このように，トラップキュービットをリソース状態に隠すことにより検証を実現する方法は，最近，ウィーン大学の実験グループにより，光キュービットを用いた量子計算機でデモンストレートされた[29]~[31]。

6.11.3 グラフ状態の直接検証

ここまで説明してきた検証の基本的なアイデアは，測定型量子計算に用いるリソース状態の中にトラップキュービットを隠しておくことにより，ボブの悪意のある振る舞いを検出するというものであった．しかし，アリスが測定するブラインド量子計算プロトコルの場合，もっと直接的な方法で検証を行えることが最近証明された[32]．このプロトコルにおいては，まずボブは $2k+1$ 個のグラフ状態を作り，アリスに送る（もしボブに悪意がある場合は，必ずしもグラフ状態ではなく，なにか別のものを送ってくる）．ただし，グラフ状態は，二部グラフ上のグラフ状態とする．2次元正方格子や，トポロジカル量子計算で使う Raussendorf-Harrington-Goyal 格子等がその例である．アリスはそのうち，k 個のグラフ状態は，「テスト1」に使い，別の k 個のグラフ状態は「テスト2」に使い，残りの1個を計算に使う．二部グラフを図 6.10 のように，黒と白に塗り分けよう．テスト1においては，図 (a) のように，黒キュービットを X で，白キュービットを Z で測定する．テスト2においては，図 (b) のように，黒キュービットを Z で，白キュービットを X で測定する．もし，すべての測定結果が，グラフ状態のスタビライザーの正しいシンドローム測定結果を与えている場合，テストはパスしたとみなす．もし，すべてのテストにパスした場合，テストに使わなかった状態は，高い確率で，グラフ状態に近いことが証明された[32]．したがって，アリスはテストにパスしたときのみ，計算を行えば，間違った計算を受理する確率を小さくすることができるので，検証可能性が担保されることになるのである．

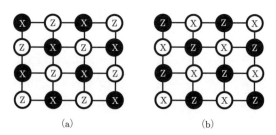

図 6.10　グラフ状態を直接検証するテスト

6.11.4 検証と量子論の基礎との関連

検証は，ブラインド量子計算だけでなく，量子論の基礎的問題とも関連する．少数粒子系では量子論の正しさは実験的に検証されているが，多粒子系では，実験の難しさや，古典計算機によるシミュレーションの難しさなどから，検証が非常に困難である．弱い量子パワーしかない人（つまり実験家）が，多粒子量子系を前にし，本当にその系が量子論に基づいて動いているのか，あるいは異なる物理理論に従っているのかということを検証するという行為はまさに検証になっている．したがって，ブラインド量子計算は一見すると，実用的工学的な話のように見えるが，じつは，このように物理学の基礎的な問題にもかかわってくるのである[31]．

引用・参考文献

1) M. Abadi, J. Feigenbaum and J. Kilian: *On hiding information from an oracle*, J. Comput. Syst. Sci., **39**, 1, pp.21–50 (1989)

2) R. L. Rivest, L. Adleman and M. L. Dertouzos: *On data banks and privacy homomorphisms*, in Foundations of Secure Computation, **4**, 11, pp.169–180 (1978)

3) C. Gentry: *Fully homomorphic encryption using ideal lattices*, Proc. of the 41st annual ACM Symposium on Theory of Computing, pp.169–178 (2009)

4) A. Broadbent, S. Jeffery: *Quantum homomorphic encryption for circuits of low T-gate complexity*, CRYPTO 2015, Part II, Lecture Notes in Computer Science, **9216**, pp.609–629, Springer (2015)

5) Y. Dulek, C. Schaffner and F. Speelman: *Quantum homomorphic encryption for polynomial-sized circuits*, CRYPTO 2016, Part III, Lecture Notes in Computer Science, **9816**, pp.3–32, Springer (2016)

6) A. C.-C. Yao: *Protocols for Secure Computations*, Proc. the 23rd IEEE Symposium on Foundations of Computer Science, pp.160–164 (1982)

7) A. M. Childs: *Secure assisted quantum computation*, Quantum Information & Computation, **5**, 6, pp.456–466 (2005)

8) P. O. Boykin, V. Roychowdhury: *Optimal encryption of quantum bits*, Phys. Rev. A, **67**, 042317 (2003)
9) P. Arrighi, L. Salvail: *Blind quantum computation*, Int. J. Quant. Inf., **4**, 5, pp.883–898 (2006)
10) D. Aharonov, M. Ben-Or and E. Eban: *Interactive proofs for quantum computations*, Proc. Innovations in Computer Science (ICS 2010), pp.453–469 (2010)
11) A. Broadbent, J. Fitzsimons and E. Kashefi: *Universal Blind Quantum Computation*, Proc. the 50th IEEE Symposium on Foundations of Computer Science, pp.517–526 (2009)
12) S. Barz, E. Kashefi, A. Broadbent, J. F. Fitzsimons, A. Zeilinger and P. Walther: *Demonstration of blind quantum computing*, Science, **335**, pp.303–308 (2012)
13) T. Morimae, K. Fujii: *Blind quantum computation protocol in which Alice only makes measurements*, Phys. Rev. A, **87**, 050301(R) (2013)
14) T. Morimae, T. Koshiba: *Impossibility of perfectly-secure delegated quantum computing for classical client*, arXiv:1407.1636 (2014)
15) C. H. Bennett, D. P. DiVincenzo, J. A. Smolin and W. K. Wootters: *Mixed-state entanglement and quantum error correction*, Phys. Rev. A, **54**, 3824 (1996)
16) T. Morimae, K. Fujii: *Secure entanglement distillation for double-server blind quantum computation*, Phys. Rev. Lett., **111**, 020502 (2013)
17) T. Morimae, V. Dunjko and E. Kashefi: *Ground state blind quantum computation on AKLT state*, Quant. Inf. Comput., **15**, pp.200–234 (2015)
18) T. Morimae, K. Fujii: *Blind topological measurement-based quantum computation*, Nature Communications, **3**, 1036 (2012)
19) T. Morimae: *Continuous-variable blind quantum computation*, Phys. Rev. Lett., **109**, 230502 (2012)
20) V. Dunjko, E. Kashefi and A. Leverrier: *Blind quantum computing with weak coherent pulses*, Phys. Rev. Lett., **108**, 200502 (2012)
21) S. Popescu, D. Rohrlich: *Quantum nonlocality as an axiom*, Found. Phys., **24**, pp.379–385 (1994)

22) M. Pawlowski, T. Paterek, D. Kaszlikowski, V. Scarani, A. Winter and M. Zukowski: *Information causality as a physical principle*, Nature, **461**, pp.1101–1104 (2009)
23) W. van Dam: *Implausible consequences of superstrong nonlocality*, Natural Computing, **12**, 1, pp.9–12 (2013)
24) A. Acin, N. Brunner, N. Gisin, S. Massar, S. Pironio and V. Scarani: *Device-independent security of quantum cryptography against collective attacks*, Phys. Rev. Lett., **98**, 230501 (2007)
25) K. Fujii, T. Morimae: *Topologically protected measurement-based quantum computation on the thermal state of a nearest-neighbour two-body Hamiltonian with spin-3/2 particles*, Phys. Rev. A, **85**, 010304(R) (2012)
26) H. Barnum, C. Crépeau, D. Gottesman, A. Smith and A. Tapp: *Authentication of quantum messages*, Proc. the 43rd Annual IEEE Symposium on Foundations of Computer Science, pp.449–458 (2002)
27) J. F. Fitzsimons, E. Kashefi: *Unconditionally verifiable blind computation*, arXiv:1203.5217 (2012)
28) T. Morimae: *Verification for measurement-only blind quantum computing*, Phys. Rev. A, **89**, 060302(R) (2014)
29) S. Barz, J. F. Fitzsimons, E. Kashefi and P. Walther: *Experimental verification of quantum computation*, Nature Phys., **9**, pp.727–731 (2013)
30) C. Greganti, M. C. Roehsner, S. Barz, T. Morimae and P. Walther: *Demonstration of measurement-only blind quantum computing*, New J. Phys., **18**, 013020 (2016)
31) T. Morimae: *Honesty test*, Nature Physics, **9**, pp.693–694 (2013)
32) M. Hayashi, T. Morimae: *Verifiable measurement-only blind quantum computing with stabilizer testing*, Phys. Rev. Lett., **115**, 220502 (2015)

7 測定型量子計算と計算量理論

7.1 計算量理論

「計算」について科学する学問は計算機科学であるが，計算機科学における重要な分野の一つに計算量理論というものがある（標準的な教科書としては例えば文献1)が挙げられる)。これは，ある問題を解くのに，どのくらいの時間的あるいは空間的リソースを必要とするのかを調べる学問である。

そもそも，「計算」というのは，以下のようなプロセスとして抽象化できる。
(1) 「問題」をある「機械」に入れる。
(2) しばらく待つ。
(3) 機械が「結果」を吐き出す。

まず，一つ目の「機械」というのはさまざまなモデルが考えられる。例えば，古典力学に従って歯車がかたかた動くようなものかもしれないし，量子力学に従って電子が相互作用するものかもしれないし，あるいは細菌がうねうね動き回っているものかもしれない。ひょっとしたら，宇宙人が発見して，まだ人類が知らない未知の物理理論に基づいて動くなにかかもしれない。この「機械」をどうモデル化するかによって，いろんな計算量を考えることができる。例えば，古典力学を選べば古典計算機の計算量を考えることになるし，量子力学を選べば量子計算機の計算量を考えることになる。そのほかにも，あとで述べるように，タイムトラベルできるような理論に基づく計算機や，量子力学において好きな結果を確率1で出せるような理論に基づく計算機，というのも考えることがで

きる（面白いことに，非決定性チューリング機械と呼ばれる，すべてのパターンを並列して一度に計算できるような機械は，計算機科学においては，教科書の一番最初に出てくるような，まったく普通のものであるが，物理寄りの人からしたら，このような非物理的なモデルが普通に使われているのはある意味驚きである．物理の視点からすると，非決定性チューリングマシンよりも量子計算機のほうがはるかに現実的なものである．量子論は多くの実験によって正しさが確認されている「現実的な理論」であるが，非決定性遷移は実現することが確認されていない）．

つぎに，「問題」といってもいろいろあるが，計算量理論では，おもに判定問題と呼ばれる，YES, NO の 1 ビットで答えることのできる問題を考えることが多い．例えば，「15+16 はいくつか？」という問題は，YES, NO で答えることができないので，判定問題ではないが，「15+16 は 20 より大きいか？」という問題であれば，YES, NO で答えることができるので判定問題となる．判定問題でない問題でも，計算量のオーダーを変えることなく判定問題に帰着できる場合が多い．もちろん，判定問題に適切に帰着できない問題も多くあり，それらを研究する人たちもいるが，判定問題は一つのスタンダードな研究対象として定着している（物理の人は，多くの計算機科学の教科書でいきなり最初に判定問題の定義が出てきて，なぜ判定問題を考えるのか疑問に思うかもしれない．物理の人向けのイメージとしては，統計物理の教科書の最初にいきなり分配関数の定義が出てくるようなものである．物理は自然界について理解する学問であるが，複雑な自然界は単純化されたハミルトニアンでつねに記述できるものではないし，すべてのことが分配関数でわかるわけでもない．しかし，それらは非常に多くのことを教えてくれるし，良い研究対象であるため，物理においては，ある系をハミルトニアンでモデル化し，その分配関数を計算することにより熱力学量を求めるという「お作法」が「スタンダード」なものとなっている．同様に，計算について研究する計算機科学においては，判定問題だけで計算のことがすべてわかるわけではないが，研究を進める上での良いモデルとして，「スタンダード」な研究対象なのである）．

判定問題を考えることにすると，前述のステップ (3) における「結果」というのは一つのビット値ということになる．例えば，古典計算機の場合，それは，結果を記録するレジスターに記録されたビット値であり，計算が終わったらそれを読み取る．あるいは量子計算機の場合，計算が終ったときの状態（つまりすべてのユニタリが作用したあとの状態）の，ある特定の一つのキュービットを $|0\rangle, |1\rangle$ 基底で測定し，得られる一つのビット値である．

問題を判定問題に限定し，「機械」をどうモデル化するかを決めることにより，さまざまな計算量クラスを定義することができる．まず，古典計算機により，入力サイズの多項式時間で解ける問題のクラスは P と呼ばれている（計算時間の絶対値ではなくて，スケーリングを考えるのは，計算時間の絶対値は計算モデルに依存するので，考えてもあまり意味がないからである．一方で，異なる計算モデルは，計算時間のオーダーを変えないオーバーヘッドで互いにシミュレーションできる場合が多いため，スケーリングを考えるのは意味がある）．

ここで，古典計算機とは，各ステップが決定論的に定まるモデルを考えているが，計算の過程で乱数を生成することにより，各ステップが確率的に遷移するような，確率的計算を考えるのも自然である．古典確率的計算で，入力サイズの多項式時間で解ける問題のクラスは BPP と呼ばれている．生成した乱数を無視すればよいので，明らかに P $\subseteq$ BPP であるが，P = BPP かどうかは知られていない．確率的計算の場合，ある確率で YES, NO を間違えて出力してしまうこともあるが，何度も同じ計算を繰り返して，多数決を取れば，間違える確率を指数関数的に小さくすることができるため，誤り確率の小さな違いはそれほど問題ではない．正確にいうと，ある多項式 q に対し，解が YES である場合は，YES と答える確率が $1/2 + q^{-1}$ 以上であり，解が NO である場合は，YES と答える確率が $1/2 - q^{-1}$ 以下であれば，多数決により，間違える確率を，任意の多項式 r に対し，2^{-r} 以下にすることができる（つまり，解が YES の場合，正しく YES と答える確率が $1 - 2^{-r}$ 以上，解が NO の場合，間違って YES と答える確率が 2^{-r} 以下，とすることができる）．

直観的にいえば，BPP に入る問題は古典計算機で「速く」解ける問題，つま

り「簡単」な問題といえる．古典計算機で多項式時間で解く方法が知られていない，つまり「難しい」問題も数多くあるが，そのなかでも特別な場合として，もし解が与えられたら，その正しさは多項式時間で検証できるような問題が多くある．そのような問題のクラスはNPと呼ばれている．PとNPが等価であるかどうかというのは有名な未解決問題である．

　量子計算の計算量についても，量子計算の黎明期から非常に多くの研究がなされてきている．量子計算の場合，本質的に出力が確率的なものになるため，確率的なクラスを考えることになる．例えば，BPPに対応するクラスとして，BQPというものがある．これは，量子計算機で，入力のサイズの多項式時間で，十分小さい誤りで確率的に解ける問題のクラスである．十分小さいというのは，BPPのときと同様に，YESのときとNOのときのギャップが多項式の逆数程度あればよい．そうすれば，多数決により，誤り確率を指数関数的に小さくすることができる．古典計算は量子計算の特別な場合なので，$BPP \subseteq BQP$ が自明に成り立つ．また，入力のサイズの多項式サイズメモリで解ける問題のクラスはPSPACEと呼ばれているが，量子計算のユニタリ発展を経路積分で表すことにより，$BQP \subseteq PSPACE$ が証明できる（つまり，直感的にいえば，どんなに（指数関数時間とか）時間をかけてもよいのなら，多項式サイズのメモリを持つ古典計算機で量子計算がシミュレートできるのである．これは，量子系の時間発展を数値シミュレーションしている人にとっては非常に納得の結果である）．

　「量子計算は古典計算より速いのか？」というのは，量子情報理論において最も根源的な問いであるが，判定問題の言葉で正確にいうと，「$BQP \neq BPP$ か？」ということになる．意外にも，これは未解決問題である．量子計算機は古典計算機より速いだろうと皆信じているわけだが，判定問題の意味では，じつはまだちゃんと証明されていないのである．一方で，判定問題でなければ，量子計算が古典計算より優れていることはすでに証明されている．例えば，7.3節で述べるように，確率分布をサンプルするというサンプリング問題を考えた場合，量子計算機は，古典計算機では多項式時間でサンプルできないような分布をサ

ンプルできることがわかっている。しかも面白いことに，そのような量子計算機はユニバーサルである必要はないのである。

また，問題設定を少し変えると「量子計算は古典計算より優れている」ということが証明されている。例えば，ある関数を計算するのにどのくらいの通信が必要かという**通信複雑性**（communication complexity）や，あるサブルーチンは1ステップでできると仮定したときに，何回サブルーチンを呼ぶ必要があるかという**オラクル質問計算量** (oracle query complexity) の場合には，すでに，量子が古典よりも優れているという証明が多く得られている。

ちなみに，もし $BQP \neq BPP$ が証明されると

$P \subseteq BPP \subseteq BQP \subseteq PSPACE$

であるため，$P \neq PSPACE$ を示したことになるが，じつは，これは古典の計算量理論における大きな未解決問題である（したがって，$BQP \neq BPP$ を示すことはとても難しいだろうと考えられている）。このように，量子計算量の研究は古典計算量における重要な問題とも関連してくるのである。

7.2 BQPの上のクラス

量子計算は優れているといっても，どんな問題でも解けるわけではない（例えば，量子計算機は多項式時間でNP完全問題を解くことはできないだろうと信じられており，いくつかの証拠が挙がっている[2]）。量子計算の能力の上限を知るために，量子力学を多少拡張した理論における計算を考え，その計算量を調べる研究が近年なされている。これにより，量子計算機の能力の上限について知見を得られるだけでなく，なぜ量子論が現在の形をしているのかという物理学にとって重要な問いにも答えてくれる。6章で述べたように，量子論は，no-signaling原理という物理学の最も基礎的な仮定を満たす理論として唯一には決まらず，さらにいくつかの仮定を要請することにより導出される。したがって，なぜ量子論は現在のような独特な形をしているのだろうかという疑問が物

理学者の間で長い間議論となってきた。量子論をちょっと拡張した理論の計算能力が異常に強いものになったとしたら（例えば，PSPACE 完全問題が解けるなど），そのような強い計算能力を持つのは不自然だから，したがって，量子論は現在の形であるべきだというような，計算量の立場から量子論を説明することもできるのである。

7.2.1 ポストセレクション

量子論を拡張する一つの方法としてよく研究されているものの一つに，ポストセレクションがある。通常，量子系を測定したら，測定結果は確率的に揺らぐ。ところが，望みの結果を確率 1 で得ることができるという架空の能力がポストセレクションである。もちろん，このような能力は現実には存在しないと考えられる。なぜなら，もしポストセレクションできるなら，例えば，ベル状態を共有することにより，光速を超えてメッセージを送ることができてしまうからである。しかしながら，ポストセレクションができる量子計算を考えてみると，いろいろと面白いことがわかるため，多くの研究がなされている。

ポストセレクションのできる量子計算機が，多項式時間で十分小さい誤り確率で解ける問題のクラスは postBQP と呼ばれている。この postBQP は，古典計算量のクラスである PP と等価であることが証明された[3),4)]。PP というのは，解の個数が半分以上かそれ未満かを判定する問題のクラスであり，非常に難しい問題のクラスである（ちなみに，NP は解が有るか無いかを判定する問題なので，NP よりも難しい）。

また，ポストセレクション確率が古典計算機で多項式時間で近似できるような場合には，もう少し弱くなり，AWPP と等価であることが示された[4)]。AWPP というのは，BQP の現在知られている最良の上界である。

$$\text{BQP} \subseteq \text{AWPP} \subseteq \text{PP} \subseteq \text{PSPACE}$$

AWPP は古典のクラスであり，定義も人工的で複雑なものであった。制限された postBQP が AWPP と等価であるというこの結果により，AWPP を量子計

算の言葉でわかりやすく解釈することが可能となった．これも，量子計算が古典計算量理論の研究に役に立った例の一つである．

これらの結果の証明には，量子計算と #P 関数（より正確には GapP 関数）との関連が使われている．#P 関数とは，非決定性チューリング機械の受理するパスの個数を表す関数であり，計算機科学において非常に中心的な役割を担っている．GapP 関数は #P 関数を一般化したものであり，非決定性チューリング機械の受理パスの個数と拒否パスの個数の差として定義される．量子計算機の出力確率は，じつは GapP 関数を用いて表すことができることが知られている[5]．アダマールゲートとトフォリゲートからなる量子計算機を考えよう．これはユニバーサルであることが知られている．また，最終測定は，すべてのキュービットを X 基底で測定して，すべて $+1$ だったときに受理するというルールにしても一般性を失わない．まず初期状態 $|0...0\rangle$ から出発するが，これは古典のビット列 $0...0$ だと思う．アダマールゲートが 1 番目のキュービットに作用すると，状態は $|0...00\rangle + |0...01\rangle$ になるが，これは，古典ビット列 $0...00$ と $0...01$ に非決定性遷移したとみなす．トフォリゲートによる計算は，単なる古典ビットの計算に対応させる．さらに，例えば，$|0...01\rangle$ の 1 番目のキュービットにアダマールが作用した場合は $|0...00\rangle - |0...01\rangle$ になるので，マイナス記号がつく．非決定性チューリング機械は，このマイナス記号を記録するための特別な 1 ビットのレジスターを持っておくことにより，符号の変化を追跡できる．簡単にわかるように，ゲートがアダマールとトフォリのみの場合，すべてのユニタリを作用させ終わったあとの量子状態は，計算基底を ± 1 の係数で重ね合わせたものとなっている．非決定性チューリング機械において，係数が $+1$ であるようなものを受理，-1 であるようなものを拒否だと思えば，量子計算の受理確率振幅は

$$\frac{\text{非決定性チューリング機械の受理パスの個数と拒否パスの個数の差}}{\sqrt{2}^{\text{アダマールの個数}}}$$

に比例する．

PP や AWPP などは，二つの GapP 関数の比を使って定義されるが，ポス

トセレクション付き量子計算の出力確率は

　　Pr(受理 | ポストセレクション成功)

となり，これはベイズの定理により

$$\frac{\Pr(\text{受理}, \text{ポストセレクション成功})}{\Pr(\text{ポストセレクション成功})}$$

となるので，分母と分子の確率分布をそれぞれ上記の方法で GapP 関数で表すことにより，PP や AWPP との関連が明らかになるのである[4]。

ちなみに，ポストセレクションの他にも，いくつかの架空の能力が研究されている。例えば，過去にタイムトラベルして自分自身と相互作用できるような能力 (closed time-like curve (CTC)) を持つ量子計算機が解ける問題のクラスは PSPACE と等価であることが示された[6]。また，状態を破壊することなく測定できる能力を持つ量子計算機は，SZK (statistical zero knowledge) 完全問題を解くことができることが示された[7]。

7.2.2　量子対話型証明系

NP（もう少し正確にはその確率版である MA）の量子版である QMA というクラスも，BQP の上にある重要なクラスである。NP というのは，解が与えられたらその正しさを多項式時間で検証できるような問題のクラスであった。これを，対話型証明という概念で精密に述べると次のようになる。無制限の計算能力を持つ証明者 (prover) と，P の計算能力を持つ検証者 (verifier) がいて，証明者が検証者に多項式長のビット列を送る（このビット列は証拠 (witness) と呼ばれている）。もし，解が YES の場合，検証者はそのビット列を受理し，もし解が NO の場合，検証者はそのビット列を拒否する。ある問題が NP に入っているというのは，このようなことが成り立つことである。NP の場合は，証明者が検証者にメッセージを一回だけ送っておしまいであるが，これをいろいろ拡張することができる。例えば，何度もメッセージのやり取りを行う (IP) とか，証明者が複数いる (MIP) という拡張がよく研究されている。このように，計算

能力に制限のない証明者と，計算能力が制限された検証者系の間でメッセージをやり取りすることにより問題を解くシステムは対話型証明と呼ばれている[1]。計算量理論だけでなく，暗号などの分野でも重要な概念である。アーサー王と魔法使いマーリンの話にならって，証明者はマーリン (Merlin)，検証者はアーサー (Arthur) とも呼ばれている。

　ここで，検証者は P の能力としたが，もし BPP にしたらどうだろう。つまり，検証者は古典確率的計算ができるのである。このような対話型証明系により判定される問題のクラスは MA (Merlin-Arthur) と呼ばれている。これは，ある意味，NP を確率的に拡張したものであるため，量子計算とも相性が良い。MA の量子版は QMA (Quantum Merlin-Arthur) と呼ばれている[8]~[10]。これは，MA において検証者を BPP から BQP にし，かつ，証明者からのビット列を多項式サイズの量子状態にしたものである。QMA は当然 BQP を含んでおり（検証者は証明者の証拠を無視すればよい），また，PP（実際には PP のサブクラスである SBQP というクラス）に含まれることが知られている。

　QMA において，検証者はユニバーサル量子計算ができると仮定しているが，それは本当に必要なのだろうか？じつはもっと弱い検証者でもいいのではないだろうか？この問いは，ブラインド量子計算とも関連してくる。ブラインド量子計算においては，検証者（アリス）は弱ければ弱いほどすばらしいのであった。このような方向の研究について，最近二つの進展があった。

　誤り耐性量子計算においては，クリフォード演算は誤り耐性ありで行われ，非クリフォード演算はマジック状態注入により実現された。このアイデアを QMA に応用することにより，検証者はクリフォードゲートのみの能力でもよいことが証明できる[11]。Gottesman-Knill の定理により，クリフォードゲートのみの量子計算は古典計算でシミュレートできる。したがって，この結果はある意味，検証者を「古典」にしたことになっている。証明のアイデアは，証明者は通常の証拠に加えて，マジック状態を検証者に送るのである。証明者は邪悪かもしれなくて，必ずしも正しいマジック状態を送ってくるとは限らないが，検証者はあるテストを行うことにより，正しいマジック状態をフィルタリングできる

ことが示された。

また,測定型量子計算のアイデアを使えば,検証者は1キュービットをシーケンシャルに測定する能力だけあればよく,量子メモリや多キュービット間ゲートは必要ないことが,次のようにして証明できる[12]。いま,証明者はある状態 ρ を作り,1キュービットずつ,検証者に送るとする。検証者は確率 q で,証明者が送ってきたものを用いて測定型量子計算でQMAの計算を実行し,確率 $1-q$ で,証明者が送ってきたもののスタビライザーをランダムに選んで測定するというテストを行う。スタビライザーが適切な値を返したら,テストにパスしたものとみなす。

問題の解がYESの場合,証明者は正しい証拠を適切なグラフ状態に CZ ゲートでエンタングルさせた状態を用意し,1キュービットずつ送ってくるので,検証者は,もし,計算することを選んだ場合,正しい量子計算ができる。もし,スタビライザーをテストする場合も,確率1でテストにパスすることになる。したがって,もともとのQMAの受理確率を a とすると,このプロトコルの受理確率は

$$p_{acc}^{yes} \geq aq + (1-q) \equiv \alpha$$

となる。

問題の解がNOの場合,証明者は邪悪であり,一般には任意の状態を送ってくる。証明者の戦術としてはつぎの二つが考えられる。まず,証明者が送ってくる状態が正しい状態に近い場合。つまり,テストにパスする確率が $\geq 1-\varepsilon$ である場合を考えよう。ここで,$\varepsilon = 1/200$ とする。この場合,検証者が行う計算は,正しい計算に近いことが証明できる[12]。正確には,証明者が送ってくる状態 ρ はトレース距離で,正しい状態に近い

$$\frac{1}{2}\left\|W(|w\rangle\langle w| \otimes |G\rangle\langle G|)W - \rho\right\|_1 \leq \sqrt{2\varepsilon}$$

ことが示せる。ここで,$|G\rangle$ はグラフ状態,$|w\rangle$ は証拠,W はグラフ状態と証拠をつなぐすべての辺に CZ ゲートを作用させる演算子。したがって,トレー

ス距離と測定確率の距離との関係より，任意の POVM Π に対し

$$\left|\mathrm{Tr}(\Pi W(|w\rangle\langle w|\otimes|G\rangle\langle G|)W) - \mathrm{Tr}(\Pi\rho)\right| \leqq \frac{1}{2}\left\|W(|w\rangle\langle w|\otimes|G\rangle\langle G|)W - \rho\right\|_1$$
$$\leqq \sqrt{2\varepsilon}$$

であることがいえる。したがって，もとの QMA の受理確率を b とするとき，検証者が計算を行った場合の受理確率は $\leqq b + \sqrt{2\varepsilon}$ であることがいえる。したがって，プロトコル全体での受理確率は

$$p_{acc}^{no(1)} \leqq q(b+\sqrt{2\varepsilon}) + (1-q) \equiv \beta_1$$

となる。

つぎに，証明者は正しい状態からかけ離れた状態を送ってくる場合を考えよう。つまり，テストにパスする確率は $< 1-\varepsilon$ である。この場合，検証者が計算を行ったときの受理確率についてはなにもいえないため，$\leqq 1$ となる。したがって，全体の受理確率は

$$p_{acc}^{no(2)} \leqq q + (1-q)(1-\varepsilon) \equiv \beta_2$$

となる。いま

$$\Delta_1(q) \equiv \alpha - \beta_1$$
$$\Delta_2(q) \equiv \alpha - \beta_2$$

を定義すると，検証者にとって最良の q は

$$\Delta_1(q) = \Delta_2(q)$$

を満たす q である。これを q^* と書くと

$$\Delta_1(q^*) \geqq \frac{\varepsilon(a-b-\sqrt{2\varepsilon})}{2}$$

となるので，$a = 2/3, \quad b = 1/3$ とおけば

$$\Delta_1 \geq \frac{7}{12\,000}$$

となるので，YES のときの受理確率と NO のときのそれとの間に定数のギャップがあることが証明できた．

このように，測定型量子計算のアイデアは，量子対話型証明系にとって有用である．上記で述べた QMA のほかにも，非常に多くの量子対話型証明のクラスがあり，最近，測定型量子計算がそれらのクラスにも使われてきている[13)~16)]（量子対話型証明系の教科書としては文献17) が挙げられる）．

7.3　BQP の下のクラス：非ユニバーサル量子計算

量子計算（の特に実験分野）においては，ユニバーサル量子計算機，つまりどんな量子アルゴリズムでも実行できる汎用量子計算機を作ることは最終ゴールの一つとされている．しかし，よく知られているように，実験的に大きなサイズのユニバーサル量子計算機を作るのはまだまだ非常に困難である．

ユニバーサルでなくてもよいから，なにか制限されたモデルで，古典計算機よりも「速い」量子計算をデモンストレートすることはできないだろうか？例えば，量子計算機が古典計算機よりも速いと信じられている一つの証拠に，ショアの素因数分解アルゴリズムの存在がある．素因数分解を効率的に解く古典アルゴリズムは現在のところ知られていないが，ショアのアルゴリズムを使えば，量子計算機で多項式時間で素因数分解ができてしまう．そこで，ユニバーサル量子計算機を作る代わりに，ショアの素因数分解アルゴリズムのみ実行できる量子計算機を作るというのはどうであろうか？

残念ながら，素因数分解は，量子計算が古典計算より「速い」ことをデモンストレートする例としてはあまりよろしくない．その理由には二つある．まず一つ目に，そもそも，ショアのアルゴリズムは複雑であり，それを実験的に実現するのは簡単ではない．そして二つ目に，じつは，素因数分解は本当に古典計算機で効率的に解けないのかどうかまだわかっていない．つまり，「素因数分

解は古典計算機では多項式時間では解くことができない」という証明はまだ存在しない。したがって，将来誰かが古典計算機で効率的に素因数分解を解くアルゴリズムを発見するかもしれないのである。そうなってしまっては，量子計算が古典計算より速いという証拠にはもはや使えない。さらに，素因数分解がBPPに含まれたらなにか計算機科学にとって根本的な仮定が覆される（例えば，多項式階層の崩壊など）というようなことも知られていない（もっといえば，BQP=BPPは起こりえないと思われているにはせよ，P=NPや多項式階層の崩壊が起こらないだろう，というほどには強く信じられていない）。

なにかユニバーサルでなくてもよいから，もう少し簡単な量子計算モデルで，しかも，それは古典計算機では効率的にシミュレートできないことがちゃんと保証されたようなものはないのであろうか？

このようなモチベーションから，近年，ユニバーサルではないが，古典計算機で効率的にシミュレートすることが困難であるような量子計算モデルが注目を集めている。それらは非ユニバーサル量子計算モデルと呼ばれている。以下では，その代表的な例のいくつかについて説明する。

7.3.1 深さ4の量子回路

非ユニバーサルであるが古典シミュレートが困難であるモデルを最初に提案したのはターヘル (B.M. Terhal) とディビンセンゾ (D. DiVincenzo) である。彼女らは，深さ4の量子回路モデルは古典シミュレートが困難であることを示した[18]。深さ4というのは，同時に作用できる量子ゲートをすべてまとめても，4ステップ必要という意味である。

彼女らの結果は「深さ4の量子回路の出力確率分布が古典計算機で精度 $\varepsilon < 1/3$ で効率的にサンプルできたら，多項式階層が第三レベルで崩壊する。」ということである（実際は彼女らはもう少し弱い結果を示している）。多項式階層とは，P, NPを一般化したものであり，計算機科学においては崩壊しないだろうと強く信じられている。したがって，そのような仮定のもとでは，深さ4の量子回路は古典シミュレートできないのである。また，「古典計算機で精度 $\varepsilon > 0$ で効率

7.3 BQPの下のクラス：非ユニバーサル量子計算

的にサンプルできる」というのは，量子計算機の出力確率分布を $P(x_1,...,x_r)$ とするとき，ある多項式時間確率的古典計算機が存在して，その出力確率分布 $P'(x_1,...,x_r)$ が

$$|P(x_1,...,x_r) - P'(x_1,...,x_r)| \leqq \varepsilon P(x_1,...,x_r)$$

を満たすことをいう。

　この結果は，**ゲートテレポーテーション**と，ポストセレクションという二つのアイデアに基づいている。まず，ゲートテレポーテーション[19]というのはゴッテスマンとチュアンにより提案された方法であり，テレポーテーションを使って，ゲートを回路の途中に「割り込ませる」方法である（例えば，光などの系では相互作用（2キュービットゲート）は確率的にしか実現できない。したがって，もし光系で普通に量子計算を行ってしまうと，量子計算が成功する確率は p^n となってしまう。ここで，p は2キュービットゲートの成功確率，n は2キュービットゲートの個数である。$p < 1$ なので，量子計算の成功確率は指数関数的に小さくなってしまう。ところが，ゲートテレポーテーションのアイデアを使うとこれを回避することができる。ゲートを別のところでオフラインにやっておき，成功したときだけ，テレポーテーションを使って計算本体にねじ込むのである。こうすれば，2キュービットゲートが確率的にしか成功しないような場合でも，ほぼ確率1で量子計算が成功する）。

　ターヘルとディビンセンゾは，もしポストセレクションできれば任意の量子回路はゲートテレポーテーションを使うと深さ4で書けることを示した（もちろん，ポストセレクションなしでは任意の量子計算が深さ4で書けない。なぜなら，ゲートテレポーテーションは確率的にしか成功せず，失敗したときは，ゲートに余計な演算がつくため，それを次のステップで修正しなければならないからである。しかし，もしポストセレクションできるとすると，つねにゲートテレポーテーションを成功させることができるので，深さ4でも任意の量子計算が実行できる）。いま，深さ4の回路を考えよう。その出力のなかには，偶然，ポストセレクトキュービットが望みの結果に測定されているものも含まれてい

る。そして，そのような場合には，計算結果を含んでいるキュービットは，正しい量子計算の結果をエンコードしているはずである。したがって，深さ4の回路の出力を計算するためにはそのようなものも計算しなければならない。しかし，以下に示すように，量子計算の結果の厳密な計算は#P困難であることが知られている。したがって，深さ4の回路の出力の厳密計算は#P困難なのである。

また，近似サンプル不可能性については，postBQP=PPを使う。先ほど述べたように，深さ4の回路はポストセレクトできるならばpostBQPができる。深さ4の回路が解ける問題のクラスをD4と書くとき，これはpostD4=postBQPを意味する。これと，アーロンソン(S. Aaronson)の結果 postBQP=PPを使うことにより，もしD4の出力が古典計算機で効率的にサンプルできたら多項式階層が崩壊することが証明できる。

じつは同じ結果をゲートテレポーテーションを使わずに測定型量子計算を使っても証明できる。実際，図**7.1**のように，$|0\rangle^{\otimes n}$から出発して，4ステップで作られた状態を考える。この状態の各キュービットを計算基底で測定するとしよう。

(a) 太線で示したところに $CZ(H\otimes H)$ を作用させる。

(b) 太線で示したところに CZ を作用させる。

(c) 太線で示したところに CZ を作用させる。

(d) 太線で示したところに $(H\otimes H)(e^{i\theta_i Z}\otimes e^{i\theta_j Z})CZ$ を作用させる。

図 **7.1** 測定型量子計算を使った証明

7.3 BQPの下のクラス：非ユニバーサル量子計算   177

測定型量子計算のユニバーサリティにより，もしポストセレクションできるならば，postBQPができることは明らかである．したがって，postD4=postBQPが示された．

最後に，量子計算の出力の厳密計算は#P困難であることを証明しよう．ブール関数 $f : \{0,1\}^n \ni x \to f(x) \in \{0,1\}$ を考える．状態

$$\frac{1}{\sqrt{2^n}} \sum_{x \in \{0,1\}^n} |x\rangle \otimes |f(x)\rangle$$

を量子計算機で作り，第二次レジスターを計算基底で測定すると，0が出る確率は

$$\frac{1}{2^n} \Big(\sum_{x:f(x)=0} \langle x| \Big) \Big(\sum_{x:f(x)=0} |x\rangle \Big) = \frac{\sum_{x:f(x)=0} 1}{2^n}$$

なので，これが厳密に計算できるなら，#P問題が解けることは明らかである．

7.3.2 IQP:交換するゲートのみの量子計算モデル

ブレムナー (M. Bremner)，ジョザ (R. Jozsa)，シェパード (D.J. Shepherd)は，IQPというモデルを考えた[20]．これは，入力は $|+\rangle^{\otimes n}$ であり，これに任意の可換なゲート

$$e^{i\theta_i Z_i}, \quad e^{i\theta_{i,j} Z_i \otimes Z_j}$$

を作用させ，最後に X 基底で測定する，という量子計算モデルである．明らかに，このモデルはユニバーサル量子計算機ではない．しかも，すべてのゲートが可換なので，一見，古典計算機で効率的にシミュレートできそうである．

しかし，驚くことに，彼らは，このモデルの出力確率分布が古典計算機で効率的にサンプルできるならば多項式階層が第三レベルで崩壊することを示した．証明は7.3.1項の深さ4回路と同じである．すなわち，ポストセレクションできるIQP回路をpostIQPと書くとき，postIQP=postBQPを示したのである．

postIQP=postBQPであることを証明するのに，彼らはゲートテレポーテー

ションを使っているが，測定型量子計算を使っても証明できる。$|+\rangle^{\otimes n}$ でスタートし，それに CZ をかけて，各キュービットに $e^{i\theta_j Z}$ をかけ，最後に X 基底で測定するという IQP 回路を考える。これは，測定型量子計算になっている。したがって，もしポストセレクションできるなら，postBQP ができるのは明らかである。

7.3.3 DQC1 モデル

ユニバーサルではないが，古典計算機では効率的にシミュレートできなさそうなモデルとして昔から考えられてきているものに，DQC1 モデル（あるいは one-clean qubit モデル）というものがある。DQC1 は deterministic quantum computing with one quantum bit の略であるが，単に歴史的にこう呼ばれているだけである。これは，NMR 量子計算機のモデルとしてニル (E. Knill) とラフラム (R. Laflamme) により 1998 年に提案された[21]。DQC1 モデルは，図 **7.2** に示すように，入力は 1 キュービットのみ純粋状態で他はすべて完全混合状態という状態

$$|0\rangle\langle 0| \otimes \frac{I^{\otimes n}}{2^n}$$

である。ただし，$I \equiv |0\rangle\langle 0| + |1\rangle\langle 1|$ は 2 次元単位演算子。任意の多項式サイズの量子ゲートを作用させることができ，最後に 1 キュービットだけ測定を行う。

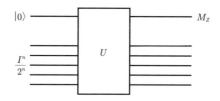

M_z は計算基底での測定を表す。
図 **7.2** DQC1 モデル

明らかにこのモデルはユニバーサル量子計算機ではなさそうである。実際，リーズナブルな仮定のもとでは，ユニバーサル量子計算が実現できないことが証明されている[22]（この論文では，DQC1 は NC1 がシミュレートできること

7.3 BQPの下のクラス：非ユニバーサル量子計算

も触れている）。

それどころか，一見すると，このモデルは古典計算機で効率的にシミュレートできそうである。実際，もし入力の1キュービットの純粋状態を完全混合状態に取り替えれば，入力は

$$\frac{I^{\otimes n+1}}{2^{n+1}}$$

となるので，任意のユニタリ U に対し

$$U\frac{I^{\otimes n+1}}{2^{n+1}}U^\dagger = \frac{I^{\otimes n+1}}{2^{n+1}}$$

であるので，トリビアルにシミュレートできる。

しかし，驚くべきことに，たった一つの純粋状態の存在が，状況を大きく変えるのである。DQC1モデルは，古典計算機では効率的に解く方法が知られていないいくつかの問題を効率的に解くことができるのである[21]（例えば，結び目不変量であるジョーンズ (Jones) 多項式の計算[23]など）。したがって，DQC1モデルはユニバーサル量子計算機と古典計算機の間に位置する中間的な量子計算モデルと考えられている。

では，DQC1モデルは本当に古典計算機より速いのだろうか？上記のジョーンズ多項式の計算の例は，証拠であるが証明ではない。単に，古典計算機で効率的に解く方法が「今のところ知られていない」というだけなので，将来誰かが古典計算機を用いた効率的な解き方を見つけるかもしれない。これまで，DQC1モデルが真に古典計算機より速い，という証明は存在せず，DQC1モデルが本当に古典計算機より速いのかどうかというのは長年の未解決問題であった。

最近，DQC1モデルの k 個の出力キュービットを測定するモデル（$DQC1_k$ モデル）を考えたとき，$k \geq 3$ の場合，出力キュービットの測定結果の確率分布がもし古典計算機で効率的にサンプルできたならば，多項式階層が第三レベルで崩壊することが証明された[24]。多項式階層が第三レベルで崩壊しないと仮定するなら，$DQC1_k$ ($k \geq 3$) モデルは古典計算機で効率的にシミュレートできないことになる。この結果は，DQC1モデルは古典計算機より速いだろうと

いう長年の予想に対し，計算量に基づいて証明を与えた初めての結果であるといえる．

この結果は，上記で述べた IQP や深さ 4 回路の証明と同様に，ポストセレクトできる $\mathrm{DQC1}_k$ モデル ($\mathrm{postDQC1}_k$) は $k \geq 3$ のとき，ポストセレクトできる BQP マシン (postBQP) と等価である，すなわち，$\mathrm{postDQC1}_k$=postBQP であるということに着目している．$\mathrm{postDQC1}_k$=postBQP ($k \geq 3$) が成り立つことは，図 7.3 の回路で示すことができる．

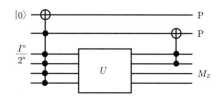

P はポストセレクションを示す．

図 7.3　$\mathrm{postDQC1}_k$=postBQP ($k \geq 3$) の証明

この結果は，最近さらに改良され，$k = 1$ の場合でも古典シミュレートが困難であることが証明された．しかも，これまで使っていたポストセレクションクラスではなく，SBQP や NQP といった量子計算量クラスを考えることにより，多項式階層の崩壊を第三レベルから第二レベルまで改良することにも成功している[25]．

7.3.4　ボソンサンプリング：相互作用なしのボソンモデル

アーロンソンとアルヒーポフ (Arkhipov) は，相互作用なしボソンを用いた量子計算モデルも古典計算機で効率的にシミュレートすることができないことを示した[26]．相互作用のあるボソンを用いた量子計算機はユニバーサルであるが，光などでは相互作用を作るのが非常に難しいという事実を考えると，この結果は面白い．

線形光学系は位相シフタとビームスプリッタからなる．位相シフタは

$$|n\rangle \to e^{in\phi}|n\rangle$$

7.3 BQP の下のクラス：非ユニバーサル量子計算

あるいは $U = e^{i\phi a^\dagger a}$ と定義される。ビームスプリッタは $(a_1, a_2)^t$ に作用するユニタリ行列

$$U = \begin{pmatrix} \cos\theta & -e^{i\phi}\sin\theta \\ e^{-i\phi}\sin\theta & \cos\theta \end{pmatrix}$$

で定義される。これに加えて，単一フォトンソースと，0, 1, 2 光子数を区別できる検出器も使う。ロジカルキュービットをエンコードするのに 2 モード使う。

$|0\rangle_L = |0,1\rangle$

$|1\rangle_L = |1,0\rangle$

一つのモードに位相ゲートをかけると，ロジカル Z 回転ができる。

$$\alpha|0\rangle_L + \beta|1\rangle_L = \alpha|0,1\rangle + \beta|1,0\rangle \to \alpha|0,1\rangle + \beta e^{i\phi}|1,0\rangle$$

ロジカル Y 回転は θ と $\phi = 0$ のビームスプリッタで以下のように実現できる。

$$\begin{aligned}
\alpha|0\rangle_L + \beta|1\rangle_L &= \alpha|0,1\rangle + \beta|1,0\rangle \\
&= \alpha a_2|0,0\rangle + \beta a_1|0,0\rangle \to \alpha(\sin\theta a_1 + \cos\theta a_2)|0,0\rangle \\
&\quad + \beta(\cos\theta a_1 - \sin\theta a_2)|0,0\rangle \\
&= \alpha(\sin\theta|1,0\rangle + \cos\theta|0,1\rangle) + \beta(\cos\theta|1,0\rangle - \sin\theta|0,1\rangle \\
&= \cos\theta(\alpha|0,1\rangle + \beta|1,0\rangle) + \sin\theta(\alpha|1,0\rangle - \beta|0,1\rangle) \\
&= \cos\theta(\alpha|0\rangle_L + \beta|1\rangle_L) + \sin\theta(\alpha|1\rangle_L - \beta|0\rangle_L) \\
&= (\cos\theta + XZ\sin\theta)(\alpha|0\rangle_L + \beta|1\rangle_L) \\
&= (\cos\theta - iY\sin\theta)(\alpha|0\rangle_L + \beta|1\rangle_L)
\end{aligned}$$

non-linear sign shift, NS_{-1} を定義する。

$$\alpha|0\rangle + \beta|1\rangle + \gamma|2\rangle \to \alpha|0\rangle + \beta|1\rangle - \gamma|2\rangle$$

このゲートは，ある線形光学ゲートを

$$(\alpha|0\rangle + \beta|1\rangle + \gamma|2\rangle) \otimes |1\rangle \otimes |0\rangle$$

に作用させ，第二キュービットを $|1\rangle$，第三キュービットを $|0\rangle$ にポストセレクトすることにより実現できる。NS_{-1} ゲートを使えば，ロジカル CZ ゲートが実現できる。

したがって，ポストセレクションできれば，相互作用なしボソンモデルはユニバーサル量子計算機になるのである。これと postBQP=PP を組み合わせることにより，相互作用なしボソン量子計算機の出力確率分布が古典計算機で効率的にサンプルできたら多項式階層が第三レベルで崩壊することが導ける。

7.3.5 今後の課題

これまでの結果はすべて，「古典計算機でシミュレートできる」というのは，出力確率分布を厳密に計算できる，もしくは乗的エラーでサンプルできる，という意味であった。これらの定義はかなり厳しいことを要請している。スタビライザー回路やマッチゲート回路などのように出力の厳密計算が古典計算機で効率的にできるモデルもあるので，このような「厳しい」近似でも，古典的シミュレーション困難性を証明することは十分面白く意義のあることである。しかし，もっと緩い定義で古典シミュレート不可能性を示すことはできないのだろうか？

アーロンソンとアルヒーポフは，同じ論文[26]で，より緩い定義

$$\sum_{q \in \{0,1\}^n} |P(q) - P'(q)| \leq \frac{1}{poly}$$

でのサンプリングでもよいことを示した。ここで，P はボソン計算機の出力確率分布，P' は古典サンプラーの出力確率分布である。ただし，彼らの結果は，二つのまだ証明されていない数学的予想を仮定している。このような仮定なしで，しかも上記の緩い定義でボソン計算機の古典サンプリング不可能性が証明できるか，というのは非常に重要な未解決問題である。また，IQP についても，最近，同様な予想を仮定することにより，同様の緩い定義でのサンプリング不

可能性が証明された[27]。DQC1でも同様のことが示せるか，というのは残された重要な未解決問題である。

引用・参考文献

1) S. Arora, B. Barak: *Computational Complexity: A Modern Approach*, Cambridge University Press, Cambridge (2009)
2) C. H. Bennett, E. Bernstein, G. Brassard and U. Vazirani: *Strengths and weaknesses of quantum computing*, SIAM J. Comput., **26**, 5, pp.1510–1523 (1997)
3) S. Aaronson: *Quantum computing, postselection, and probabilistic polynomial-time*, Proc. R. Soc. A, **461**, pp.3437–3482 (2005)
4) T. Morimae, H. Nishimura: *Quantum interpretations of AWPP and APP*, Quant. Inf. Comput., **16**, pp.498–514 (2016)
5) L. Fortnow, J. Rogers: *Complexity limitations on quantum computation*, J. Comput. Syst. Sci., **59**, 2, pp.240–252 (1999)
6) S. Aaronson, J. Watrous: *Closed timelike curve make quantum and classical computing equivalent*, Proc. R. Soc. A, **465**, pp.631–647 (2009)
7) S. Aaronson, A. Bouland, J. Fitzsimons and M. Lee: *The space "just above" BQP*, arXiv:1412.6507 (2014)
8) J. Watrous: *Succinct quantum proofs for properties of finite groups*, Proceedings of the 41st IEEE Annual Symposium on Foundations of Computer Science, pp.537–546 (2000)
9) E. Knill: *Quantum randomness and nondeterminism*, arXiv:9610012 (1996)
10) A. Y. Kitaev, A. H. Shen, M. N. Vyalyi: *Classical and Quantum Computation*, American Mathematical Society, Boston, MA, USA (2002)
11) T. Morimae, M. Hayashi, H. Nishimura and K. Fujii: *Quantum Merlin-Arthur with Clifford Arthur*, Quantum Information and Computation, **15**, pp.1420–1430 (2015)
12) T. Morimae, D. Nagaj and N. Schuch: *Quantum proofs can be verified using only single-qubit measurements*, Phys. Rev. A, **93**, 022326 (2016)
13) M. McKague: *Interactive proofs for BQP via self-tested graph states*, arXiv:1309.5675 (2013)
14) T. Morimae, K. Fujii and H. Nishimura: *Quantum Merlin-Arthur with noisy*

channel, arXiv:1608.04829 (2016)
15) T. Morimae: *Quantum state and circuit distinguishability with single-qubit measurements*, arXiv:1607.00574 (2016)
16) T. Morimae: *Quantum Arthur-Merlin with single-qubit measurements*, Phys. Rev. A, **93**, 062333 (2016)
17) T. Vidick, J. Watrous: *Quantum proofs*, Foundations and Trends in Theoretical Computer Science, **11**, 1–2, pp.1–215 (2016)
18) B. M. Terhal, D. P. DiVincenzo: *Adaptive quantum computation, constant depth quantum circuits and Arthur-Merlin games*, Quant. Inf. Comput., **4**, 2, pp.134–145 (2004)
19) D. Gottesman, I. L. Chuang: *Demonstrating the viability of universal quantum computation using teleportation and single-qubit operations*, Nature, **402**, pp.390–393 (1999)
20) M. J. Bremner, R. Jozsa and D. J. Shepherd: *Classical simulation of commuting quantum computations implies collapse of the polynomial hierarchy*, Proc. R. Soc. A, **467**, 2126, pp.459–472 (2011)
21) E. Knill, R. Laflamme: *Power of one bit of quantum information*, Phys. Rev. Lett., **81**, 5672 (1998)
22) A. Ambainis, L. J. Schulman, U. V. Vazirani: *Computing with highly mixed states*, Proc. 32nd Annual ACM Symposium on Theory of Computing, pp.697–704 (2000)
23) P. W. Shor, S. P. Jordan: *Estimating Jones polynomials is a complete problem for one clean qubit*, Quant. Inf. Comp., **8**, 8&9, pp.681–714 (2008)
24) T. Morimae, K. Fujii and J. F. Fitzsimons: *Hardness of classically simulating the one-clean-qubit model*, Phys. Rev. Lett., **112**, 130502 (2014)
25) K. Fujii, H. Kobayashi, T. Morimae, H. Nishimura, S. Tamate and S. Tani: *Power of quantum computation with few clean qubits*, Proc. the 43rd International Colloquium on Automata, Languages and Programming (ICALP 2016), LIPics, **55**, pp.13:1–13:14 (2016)
26) S. Aaronson, A. Arkhipov: *The computational complexity of linear optics*, Proc. the 43rd ACM Symposium on Theory of Computing, pp.333–342 (2011)
27) M. J. Bremner, A. Montanaro and D. J. Shepherd: *Average-case complexity versus approximate simulation of commuting quantum computations*, Phys. Rev. Lett., **117**, 080501 (2016)

索引

【あ】
アダマール行列　11
誤り耐性量子計算　67, 89

【い】
イジング分配関数近似問題　118
イジング模型　100
1次元反復符号　67

【え】
エッジ状態　50
エンタングル状態　12

【か】
回路型ノイズ　81
回路モデル　18
ガーブル化回路　133

【き】
キュービット　8
行列積状態　43

【く】
クラスター状態　31
グラフ状態　31, 32
クリフォード群　20
クリフォード量子認証　154

【け】
欠陥対　82
ゲートテレポーテーション　175
現象論的ノイズ　79

【こ】
混合状態　13

【さ】
最小重み完全マッチングアルゴリズム　78, 80

【し】
純粋状態　12

【す】
スタビライザー群　61
スタビライザー形式　61
スタビライザー状態　32
スタビライザー符号　61

【そ】
相関空間　49
測定型トポロジカル量子計算　89
測定型量子計算　21, 89

【た】
多項式階層　174

【て】
デバイス独立性　148
テンソルネットワーク　46

【と】
トポロジカル符号　72
トポロジカル量子誤り訂正符号　75

【は】
トレースアウト　14
パウリ行列　10

【ひ】
非ユニバーサル量子計算　174
表面符号　69, 74

【ふ】
副次的演算子　34
符号容量ノイズ　79
ブラインド量子計算　132
紛失通信　133

【ほ】
ボソンサンプリング　180

【ま】
マジック状態蒸留　89

【み】
密度行列　12

【ゆ】
ユニタリ変換　10
ユニバーサルセット　20

【り】
リソース状態　21, 31
量子誤り訂正　61
量子ゲート　19
量子対話型証明　169
量子認証　154

量子ワンタイムパッド　134

【れ】
連続変数系　36

【A】
Affleck-Kennedy-Lieb-Tasaki 状態　50

【B】
BFK プロトコル　136
Bloch 球　9
BQP　165
BQP 困難　122

【C】
Calderbank-Shor-Steane 符号　77

【D】
Dirac 記法　8

【G】
DQC1 モデル　178

Gottesman-Knill の定理　20, 33

【I】
IQP　177

【M】
MAX-2-SAT 問題　101

【N】
no-signaling 原理　150

【P】
postBQP　167

【Q】
projected entangled pair state　53

QMA　170

【S】
Solovay-Kitaev の定理　20

【V】
valance-bond solid 状態　53
Van den Nest-Dür-Brigel 対応　102

―― 著者略歴 ――

小柴　健史（こしば　たけし）
1990 年　東京工業大学工学部情報工学科卒業
1992 年　東京工業大学大学院博士前期課程修了（情報工学専攻）
2001 年　東京工業大学大学院博士後期課程修了（数理・情報科学専攻）
　　　　　博士（理学）
2005 年　埼玉大学助教授
2015 年　埼玉大学教授
2017 年　早稲田大学教授
2022 年　逝去

藤井　啓祐（ふじい　けいすけ）
2006 年　京都大学工学部物理工学科卒業
2008 年　京都大学大学院工学研究科博士前期課程修了（原子核工学専攻）
2011 年　京都大学大学院工学研究科博士後期課程修了（原子核工学専攻）
　　　　　博士（工学）
2011 年　大阪大学特任研究員
2013 年　京都大学特定助教
2016 年　東京大学助教
2017 年　京都大学特定准教授
2019 年　大阪大学教授
　　　　　現在に至る

森前　智行（もりまえ　ともゆき）
2004 年　東京大学教養学部基礎科学科卒業
2006 年　東京大学大学院総合文化研究科博士前期課程修了（広域科学専攻）
2009 年　東京大学大学院総合文化研究科博士後期課程修了（広域科学専攻）
　　　　　博士（学術）
2010 年　リール第一大学（フランス）　博士研究員
2011 年　パリ東大学（フランス）　博士研究員
2012 年　インペリアルカレッジロンドン（イギリス）日本学術振興会海外特別研究員
2013 年　群馬大学助教
2018 年　京都大学講師
2020 年　京都大学准教授
　　　　　現在に至る

観測に基づく量子計算
Measurement-based Quantum Computing
　　　　　　　　　　　　Ⓒ Takeshi Koshiba, Keisuke Fujii, Tomoyuki Morimae 2017

2017 年 3 月 10 日　初版第 1 刷発行
2025 年 6 月 10 日　初版第 3 刷発行　　　　　　　　　　　　　　　★

　　　　　　　　　　著　　者　　小　柴　健　史
　　検印省略　　　　　　　　　　藤　井　啓　祐
　　　　　　　　　　　　　　　　森　前　智　行
　　　　　　　　　発 行 者　　株式会社　コロナ社
　　　　　　　　　　　　　　　代表者　牛来真也
　　　　　　　　　印 刷 所　　三美印刷株式会社
　　　　　　　　　製 本 所　　有限会社　愛千製本所

　　　　　　　　112-0011　東京都文京区千石 4-46-10
　　　　　　　　発 行 所　株式会社　コ ロ ナ 社
　　　　　　　　　　　　CORONA PUBLISHING CO., LTD.
　　　　　　　　　　　　　　　　Tokyo Japan
　　　　　　　　振替 00140-8-14844・電話(03)3941-3131(代)
　　　　　　　　ホームページ　https://www.coronasha.co.jp

ISBN 978-4-339-02870-6　C3055　Printed in Japan　　　　　　　（森岡）

　　　　　　　JCOPY　＜出版者著作権管理機構　委託出版物＞
　　　本書の無断複製は著作権法上での例外を除き禁じられています。複製される場合は，そのつど事前に，
　　　出版者著作権管理機構（電話 03-5244-5088，FAX 03-5244-5089，e-mail: info@jcopy.or.jp）の許諾を
　　　得てください。

　　　　本書のコピー，スキャン，デジタル化等の無断複製・転載は著作権法上での例外を除き禁じられています。
　　　　購入者以外の第三者による本書の電子データ化及び電子書籍化は，いかなる場合も認めていません。
　　　　落丁・乱丁はお取替えいたします。

コンピュータサイエンス教科書シリーズ

(各巻A5判，欠番は品切または未発行です)

■編集委員長　曽和将容
■編集委員　　岩田　彰・富田悦次

配本順		書名	著者	頁	本体
1.	(8回)	情報リテラシー	立花　康夫／曽和将容／春日秀雄 共著	234	2800円
2.	(15回)	データ構造とアルゴリズム	伊藤大雄 著	228	2800円
4.	(7回)	プログラミング言語論	大山口　通夫／五味　弘 共著	238	2900円
5.	(14回)	論理回路	曽和将容／範　公可 共著	174	2500円
6.	(1回)	コンピュータアーキテクチャ	曽和将容 著	232	2800円
7.	(9回)	オペレーティングシステム	大澤範高 著	240	2900円
8.	(3回)	コンパイラ	中田育男 監修／中井央	206	2500円
11.	(17回)	改訂 ディジタル通信	岩波保則 著	240	2900円
12.	(19回)	人工知能原理(改訂版)	加納政芳／山田雅之／遠藤守 共著	232	2900円
13.	(10回)	ディジタルシグナルプロセッシング	岩田　彰 編著	190	2500円
15.	(18回)	離散数学	牛島和夫 編著／相島廣利／朝廣雄一 共著	224	3000円
16.	(5回)	計算論	小林孝次郎 著	214	2600円
18.	(11回)	数理論理学	古川康一／向井国昭 共著	234	2800円
19.	(6回)	数理計画法	加藤直樹 著	232	2800円

定価は本体価格+税です．
定価は変更されることがありますのでご了承下さい．

図書目録進呈◆

電子情報通信レクチャーシリーズ

(各巻B5判，欠番は品切または未発行です)

■電子情報通信学会編

	配本順			頁	本体
		共通			
A-1	(第30回)	電子情報通信と産業	西村吉雄著	272	4700円
A-2	(第14回)	電子情報通信技術史 ―おもに日本を中心としたマイルストーン―	「技術と歴史」研究会編	276	4700円
A-3	(第26回)	情報社会・セキュリティ・倫理	辻井重男著	172	3000円
A-5	(第6回)	情報リテラシーとプレゼンテーション	青木由直著	216	3400円
A-6	(第29回)	コンピュータの基礎	村岡洋一著	160	2800円
A-7	(第19回)	情報通信ネットワーク	水澤純一著	192	3000円
A-9	(第38回)	電子物性とデバイス	益一哉 天川修平 共著	244	4200円
		基礎			
B-5	(第33回)	論理回路	安浦寛人著	140	2400円
B-6	(第9回)	オートマトン・言語と計算理論	岩間一雄著	186	3000円
B-7	(第40回)	コンピュータプログラミング ―Pythonでアルゴリズムを実装しながら問題解決を行う―	富樫敦著	208	3300円
B-8	(第35回)	データ構造とアルゴリズム	岩沼宏治他著	208	3300円
B-9	(第36回)	ネットワーク工学	田中裕 村野敬介 仙石正和 共著	156	2700円
B-10	(第1回)	電磁気学	後藤尚久著	186	2900円
B-11	(第20回)	基礎電子物性工学 ―量子力学の基本と応用―	阿部正紀著	154	2700円
B-12	(第4回)	波動解析基礎	小柴正則著	162	2600円
B-13	(第2回)	電磁気計測	岩﨑俊著	182	2900円
		基盤			
C-1	(第13回)	情報・符号・暗号の理論	今井秀樹著	220	3500円
C-3	(第25回)	電子回路	関根慶太郎著	190	3300円
C-4	(第21回)	数理計画法	山下信雄 福島雅夫 共著	192	3000円

配本順			頁	本体
C-6	(第17回)	インターネット工学	後藤 滋樹／外山 勝保 共著	162	2800円
C-7	(第3回)	画像・メディア工学	吹抜 敬彦 著	182	2900円
C-8	(第32回)	音声・言語処理	広瀬 啓吉 著	140	2400円
C-9	(第11回)	コンピュータアーキテクチャ	坂井 修一 著	158	2700円
C-13	(第31回)	集積回路設計	浅田 邦博 著	208	3600円
C-14	(第27回)	電子デバイス	和保 孝夫 著	198	3200円
C-15	(第8回)	光・電磁波工学	鹿子嶋 憲一 著	200	3300円
C-16	(第28回)	電子物性工学	奥村 次徳 著	160	2800円

展開

D-3	(第22回)	非線形理論	香田 徹 著	208	3600円
D-5	(第23回)	モバイルコミュニケーション	中川 正雄／大槻 知明 共著	176	3000円
D-8	(第12回)	現代暗号の基礎数理	黒澤 馨／尾形 わかは 共著	198	3100円
D-11	(第18回)	結像光学の基礎	本田 捷夫 著	174	3000円
D-14	(第5回)	並列分散処理	谷口 秀夫 著	148	2300円
D-15	(第37回)	電波システム工学	唐沢 好男／藤井 威生 共著	228	3900円
D-16	(第39回)	電磁環境工学	徳田 正満 著	206	3600円
D-17	(第16回)	VLSI工学 —基礎・設計編—	岩田 穆 著	182	3100円
D-18	(第10回)	超高速エレクトロニクス	中村 徹／三島 友義 共著	158	2600円
D-23	(第24回)	バイオ情報学 —パーソナルゲノム解析から生体シミュレーションまで—	小長谷 明彦 著	172	3000円
D-24	(第7回)	脳工学	武田 常広 著	240	3800円
D-25	(第34回)	福祉工学の基礎	伊福部 達 著	236	4100円
D-27	(第15回)	VLSI工学 —製造プロセス編—	角南 英夫 著	204	3300円

定価は本体価格＋税です。
定価は変更されることがありますのでご了承下さい。

図書目録進呈◆

情報ネットワーク科学シリーズ

(各巻A5判)

コロナ社創立90周年記念出版　〔創立1927年〕

■電子情報通信学会 監修
■編集委員長　村田正幸
■編 集 委 員　会田雅樹・成瀬　誠・長谷川幹雄

本シリーズは，従来の情報ネットワーク分野における学術基盤では取り扱うことが困難な諸問題，すなわち，大量で多様な端末の収容，ネットワークの大規模化・多様化・複雑化・モバイル化・仮想化，省エネルギーに代表される環境調和性能を含めた物理世界とネットワーク世界の調和，安全性・信頼性の確保などの問題を克服し，今後の情報ネットワークのますますの発展を支えるための学術基盤としての「情報ネットワーク科学」の体系化を目指すものである．

シリーズ構成

配本順		著者	頁	本体
1.（1回）	情報ネットワーク科学入門	村田正幸 成瀬　誠 編著	230	3000円
2.（4回）	情報ネットワークの数理と最適化 ―性能や信頼性を高めるためのデータ構造とアルゴリズム―	巳波弘佳 井上武 共著	200	2600円
3.（2回）	情報ネットワークの分散制御と階層構造	会田雅樹 著	230	3000円
4.（5回）	ネットワーク・カオス ―非線形ダイナミクス，複雑系と情報ネットワーク―	中尾裕也 長谷川幹雄 共著 合原一幸	262	3400円
5.（3回）	生命のしくみに学ぶ 情報ネットワーク設計・制御	若宮直紀 荒川伸一 共著	166	2200円

定価は本体価格+税です．
定価は変更されることがありますのでご了承下さい．

図書目録進呈◆